2013版《建设工程工程量清单计价规范》宣贯培训丛书

工程造价控制操作实务

吴　静　编著　尹贻林　主审

中国建材工业出版社

图书在版编目（CIP）数据

工程造价控制操作实务 / 吴静编著．—北京：中国建材工业出版社，2013.8

（2013 版《建设工程工程量清单计价规范》宣贯培训丛书）

ISBN 978-7-5160-0532-3

Ⅰ．①工… Ⅱ．①吴… Ⅲ．①工程造价控制 Ⅳ．①TU723.3

中国版本图书馆 CIP 数据核字（2013）第 177656 号

工程造价控制操作实务

吴　静　编著

出版发行：中国建材工业出版社

地　　址：北京市西城区车公庄大街 6 号

邮　　编：100044

经　　销：全国各地新华书店

印　　刷：北京佳顺印务有限公司

开　　本：710 mm×1000 mm　1/16

印　　张：14

字　　数：156 千字

版　　次：2013 年 9 月第 1 版

印　　次：2013 年 9 月第 1 次

定　　价：39.00 元

网上书店：www.jccbs.com.cn

本书如出现印装质量问题，由我社营销部负责调换。联系电话：(010)88386906

前 言

2013版《建设工程工程量清单计价规范》于2013年7月1日正式生效，这标志着中国工程造价事业正在向放松管制走近，并向FIDIC合同体系和国际惯例靠拢。2013版《清单计价规范》充分考虑了未来建筑市场的市场化需要，制定了建筑市场秩序，让市场和公民自主选择，这是响应《国务院关于第六批取消和调整行政审批项目的决定》中“两个凡是①”的体现，为今后建筑市场的市场化推广做了良好的铺垫。

相较于2008版《清单计价规范》，2013版《清单计价规范》和《合同示范文本》在风险分担理论中强调了调价的应用，并且从对责任的强化来反映了2013版《清单计价规范》对风险分担理论的重视，具体包括：

1. 加强了发包方对工程量清单准确性的管理职责；

2. 加强了发包方对评标环节的管理职责；

3. 加强了发包方对物价波动引起调价的管理职责；

4. 加强了发包方对模拟工程量清单招标的管理职责；

5. 加强了发包方对措施费调整策略的管理职责；

---

① 凡公民、法人或者其他组织能够自主决定，市场竞争机制能够有效调节，行业组织或者中介机构能够自律管理的事项，政府都要退出。凡可以采用事后监管和间接管理方式的事项，一律不设前置审批。

6. 加强了发包方对招标控制价编制的管理职责。

与此同时，2013版《清单计价规范》规定平时工程中形成已确认的并已支付的工程量和工程价款直接进入结算，否定了竣工图重算加增减账法，意味着工程造价人员应重视每一次计量与支付，并且如果发生超付，则超付风险由发包人承担。

中国建设工程造价管理协会秘书长吴佐民同志对工程造价的实质做了如下解释：工程造价实质上是以工程成本为核心的项目管理。根据这一解释，工程造价既是一个概念，又是一系列管理活动的组合。因此，我们可以重构工程造价体系，即以项目管理为着眼点，以项目全生命周期为全过程，以成本管理理论为中心，以合同为依据，形成基于项目管理的工程造价体系。而这种新型的理论体系无疑是符合国际RICS/AACE/ICEC等组织对工程造价的定义，也有利于工程造价事业不断发展的趋势。

2013版《清单计价规范》宣贯系列丛书是在2013版《清单计价规范》的基础上，对工程造价体系进行全方位的解读与操作实务介绍。

此外，工程价款是对工程项目中合同价格等概念及支付、调价、索赔、签证、结算等各种活动的统称，这是一个介于工程监理活动和工程造价活动的Gap（缝隙），值得我们大力研究，我从2008年开始构思这一理论体系，并用了5年时间撰写讲稿并在工程造价咨询业界巡回演讲，进行工程造价纠纷处理等具体实务工作，这套丛书体现了上述思想，请广大同行借鉴并指正！

尹贻林　博士　教授

天津理工大学公共项目与工程造价研究所　所长

2013年8月

目　　录

第 1 章　绪　　论

工程造价是指某项工程从筹建到竣工投产所支出的全部费用。工程造价全过程控制，是指在这一过程中，对影响工程造价的各种因素进行分析和控制，从而达到既降低造价又充分满足设计意图的目的。

实施建设工程项目造价控制，目的是使有限的建设资金得到最充分的利用，以尽可能少的投入取得尽可能多的产出，这是建设工程项目投资控制的出发点和宗旨。

1.1　工程造价控制的含义

根据所研究角度的不同，工程造价有两种不同的理解：

含义一：从业主的角度分析，工程造价是指建设一项工程预期开支或实际开支的全部固定资产投资费用。业主为了获得投资项目的预期效益，需要对项目进行策划决策及建设实施，直至竣工验收等一系列投资管理活动。在上述活动中所花费的全部费用，就构成了工程造价。从这个意义上讲，建设工程造价就是建设工程项目固定资产总投资。

含义二：从市场交易的角度分析，工程造价是指为建成一项工程，预计或实际在工程发承包交易活动中所形成的建筑安装工程费用或建设工程总费用。显然，工程造价的这种含义是指以建设工程这种特定的商品形式作为交易对象，通过招标投标或其他交易方式，在进行多次预估的基础上，最终由市场形成的价格。这里的工程既可以是涵盖范围很大的一个建设工程项目，也可以是其中的一个单项工程或单位工程，甚至可以是整个建设工程中的某个阶段，如建筑安装工程、装饰装修工程，或者其中的某个组成部分。随着经济发展、技术进步、分工细化和市场的不断完善，工程建设中的中间产品也会越来越多，商品互换会更加频繁，工程价格的种类和形式也会更为丰富。尤其值得注意的是，投资主体的多元格局、资金来源的多种渠道，使相当一部分建设工程的最终产品作为商品进入了流通领域。如技术开发区的工业厂房、仓库、写字楼、公寓、商业设施和住宅开发区的大批住宅、配套公共设施等，都是投资者为实现投资利润最大化而生产的建筑产品，它们的价格是商品交易中现实存在的，是一种加价的工程价格。

工程发承包价格是工程造价中一种重要的、也是较为典型的价格交易形式，是在建筑市场通过招标投标，由需求主体（投资者）和供给主体（承包商）共同认可的价格。

工程造价的两种含义实质上就是从不同角度把握同一事物的本质。对市场经济条件下的投资者来说，工程造价就是项目投资，是“购买”工程项目要付出的价格；同时，工程造价也是投资者作为市场供应主体“出售”工程项目时确定价格和衡量投资经济效益的尺度。

所谓建设工程造价控制，就是指在项目实施前期、项目实施期和项目保修期，将工程造价的实际金额控制在批准的范围内，随时纠正偏差，以保证项目管理目标的实现，以求在各个建设项目中能合理使用人力、物力、财力，取得较好的投资效益。造价与质量、进度之间既相互制约、矛盾，又统一结合在一起。所以，控制建设工程造价在建设项目管理中的地位非常显著。从某种意义上说：造价控制得好则意味着建筑工程质量高，意味着建筑工程进度快，直接决定着建设项目的成功，建设工程造价的有效控制是工程建设管理的重要组成部分。

1.2 工程造价控制的原理

工程造价控制是动态的，并贯穿于项目建设的始终。控制流程及其基本环节如下所述。

1.2.1 控制流程

不同的控制系统都有区别于其他系统的特点，但同时又都存在许多共性。建筑工程目标控制流程如图 1-1 所示。

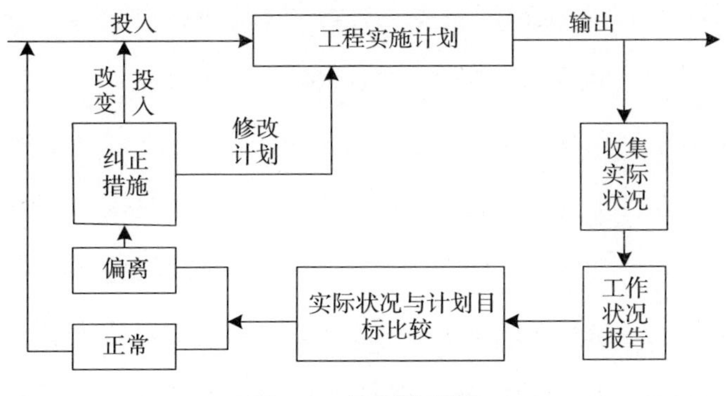

图 1-1 控制流程图

由于建设工程的建设周期长，在工程实施过程中所受到的风险因素很多，因而实际状况偏离目标和计划的情况经常发生的，往往出现投资增加、工期拖延、工程质量和功能未能达到预定要求等问题。这就需要在工程实施过程中，通过对目标、过程和活动的跟踪，全面、及时、准确地掌握有关信息，将工程实际状况与目标和计划进行比较。如果偏离了目标和计划，就需要采取纠正措施，或改变投入，或修改计划，使工程能在新的计划状态下进行，而任何控制措施都不可能一劳永逸，原有的矛盾和问题解决了，还会出现新的矛盾和问题，需要不断地进行控制，这就是动态控制原理。上述控制流程是一个不断循环的过程，直至工程建成交付使用，因而建设工程的目标控制是一个有限循环过程。

对于建设工程目标控制系统来说，由于收集实际数据、偏差分析、制定纠偏措施主要是由目标控制人员来完成，都需要时间，这些工作不可能同时进行并在瞬间内完成，因为其控制实际上表现为周期性的循环过程。通常，在建设工程监理的实践中，投资控制、进度控制和常规质量控制问题的控制周期按周或月计，而严重的工程质量问题和事故，则需要及时加以控制。

动态控制的概念还可以从另一个角度来理解。由于系统本身的状态和外部环境是不断变化的，相应地就要求控制工作也随之变化。目标控制人员对建设工程本身的技术经济规律、目标控制工作规律的认识也是在不断变化的，他们的目标控制能力和水平也是在不断提高的，因而，即使在系统状态和环境变化不大的情况下，目标控制工作也可能发生较大的变化。这表明目标控制也可能包含着对已采取的目标控制措施的调整或控制。

1.2.2 控制流程的基本环节

控制流程可以进一步抽象为投入、转换、反馈、对比、纠正五个基本环节。对于每个控制循环来说，如果缺少某一个环节或某一个环节出现问题，就会导致循环障碍，就会降低控制的有效性，就不能发挥循环控制的整体作用。因此，必须明确控制流程各个基本环节的有关内容并做好相应的控制工作。

1.2.2.1 投入

控制流程的每一循环始于投入。对于建设工程的目标控制流程来说，投入首先涉及到的是传统的生产要素，包括人力（管理人员、技术人员、工人）、建筑材料、工程设备、施工机具、资金等；此外还包括施工方法、信息等。工程实施计划本身就包含着有关投入的计划。要使计划能够正常实施并达到预定的目标，就应当保证将质量、数量符合计划要求的资源按规定时间和地点投入到建设工程实施过程中去。

1.2.2.2 转换

所谓转换，是指由投入到产出的转换过程，如建设工程的建造过程，设备购置等活动。转换过程，通常变现为劳动力（管理人员、技术人员、工人）运用劳动资料（如施工机具）将劳动对象（如建筑材料、工程设备等）转变为预定的产出品，如涉及图纸、分项工程、分部工程、单位工程、单项工程，最终输出完整的建设工程。在转换过程中，计划的运行往往受到来自外部环境和内部系统的多因素干扰，从而造成实际状况偏离预定的目标和计划。同时，由于计划本身不可避免地存在一定问题，例如，计划没有经过科学的资源、技术、经济和财务可行性分析，从而造成实际输出与计划输出之间产生偏差。

转换过程中的控制工作是实现有效控制的重要工作。在建设工程实施过程中，业主应当跟踪了解工程进展情况，掌握第一手资料，为分析偏差原因、确定纠偏措施提供可靠依据。同时，对于可以及时解决的问题，应及时采取纠偏措施，避免“积重难返”。

1.2.2.3　反馈

即使是一项制定得相当完善的计划，其运行结果也未必与计划一致。因为在计划实施过程中，实际情况的变化是绝对的，不变是相对的，每个变化都会对目标和计划的实现带来一定的影响。所以，控制部门和控制人员需要全面、及时、准确地了解计划的执行情况及其结果，而这就需要通过反馈信息来实现。

反馈信息包括工程实际状况、环境变化等信息，如投资、进度、质量的实际状况，现场条件，合同履行条件，经济、法律环境变化等。投资部门和人员需要什么信息，取决于业主工作的需要以及工程的具体情况。为了使信息反馈能够有效地配合控制的各项工作，使整个控制过程流畅地进行，需要设计信息反馈系统，预先确定反馈信息的内容、形式、来源、传递等，使每个控制部门和人员都能及时获得他们所需要的信息。

信息反馈方式可以分为正式和非正式两种。正式信息反馈是指书面的工程状况报告之类的信息，它是控制过程中应当采用的主要反馈方式；非正式信息反馈主要指口头方式如口头指令，口头反映的工程实施情况，对非正式信息反馈也应当予以足够的重视。当然，非正式信息反馈应当适时转化为正式信息反馈。才能更好地发挥其对控制的作用。

1.2.2.4 对比

对比是将目标的实际值与计划值进行比较，以确定是否发生偏离。目标的实际值来源于信息。在对比工作中，要注意以下几点：

1. 明确目标实际值与计划值的内涵。目标的实际值与计划值是两个相对的概念。随着建设工程实施过程的进展，其实施计划和目标一般都将逐渐深化、细化，往往还要做适当的调整。从目标形成的时间来看，在前者为计划值，以后者为实际值。以投资目标为例，有投资估算、设计概算、施工图预算、标底、合同价、结算价等表现形式，其中，投资估算相对于其他的投资值都是目标值；施工图预算相对于投资估算、设计概算为实际值，而相对于标底、合同价、结算价则为计划值；结算价则相对于其他的投资值均为实际值（注意不要将投资的实际值与实际投资两个概念相混淆）。

2. 合理选择比较的对象。在实际工作中，最为常见的是相邻两种目标值之间的比较。在许多建设工程中，我国业主往往以批准的设计概算作为投资控制的总目标，这时，合同价与设计概算、结算价与设计概算的比较也是必要的。另外，结算价以外各种投资值之间的比较都是一次性的，而结算价与合同价（或设计概算）的比较则是经常性的，一般是定期（如每月）比较。

3. 建立目标实际值与计划值之间的对应关系。建设工程的各项目标都要进行适当的分解，通常，目标的计划值分解较粗，目标的实际值分解较细。例如，建设工程初期指定的总进度计划中的工作可能只达到单位工程，而施工进度计划中的工作却达到分项工程；投资目标的分解也有类似问题。因此，为了保证能够切实地进行目

标实际值与计划值的比较，并通过比较发现问题，必须建立目标实际值与计划值之间的对应关系。这就要求目标的分解深度、细度可以不同，但分解的原则、方法必须相同，从而可以在较粗的层次上进行目标实际值与计划值的比较。

4. 确定衡量目标偏离的标准。要正确判断某一目标是否发生偏差，就要预先确定衡量目标偏离的标准。例如，某建设工程的某项工作的实际进度比计划要求拖延了一段时间，如果这项工作是关键工作，或者虽然不是关键工作，但该关键工作拖延的时间超过了它的总时差，则应当判断为发生偏差，即实际进度偏离计划进度。反之，如果该项工作不是关键工作，且其拖延的时间未超过总时差，则虽然该项工作本身偏离计划进度，但从整个工程的角度来看，则实际进度并未偏离计划进度。又如，某建设工程在实施过程中发生了较为严重的超投资现象，为了使总投资额控制在预定的计划值（如设计概算）之内，决定删除其中的某单项工程。在这种情况下，虽然整个建设工程投资的实际值未偏离计划值，但是，对于保留的各单项工程来说，投资的实际值可能均不同程度的偏离了计划值。

1.2.2.5　纠正

对于目标实际值偏离计划值的情况要采取措施加以纠正（或称为纠偏）。根据偏差的具体情况，可以分为以下三种情况进行纠偏：

1. 直接纠偏。所谓直接纠偏，是指在轻度偏离的情况下，不改变原定目标的计划值，基本不改变原定的实施计划，在下一个控制周期内，使目标的实际控制在计划值范围内。例如，某建设工程某月的实际进度比计划进度拖延了一两天，则在下个月中适当增加人力、施工机械的投入量即可使实际进度恢复到计划状态。

2. 不改变总目标的计划值，调整后期实施计划。这是在中度偏离情况下所采取的对策。由于目标实际值偏离计划值的情况已经比较严重，已经不可能通过直接纠偏在下一个控制周期内恢复到计划状态，因而必须调整后期实施计划。例如，某建设工程施工计划工期为24个月，在施工进行到12个月时，工期已经拖延1个月，这时，通过调整后期施工计划，若最终能按计划工期建成该工程，应当说仍然是令人满意的结果。

3. 重新确定目标的计划值，并据此重新制定实施计划，这是在重度偏离情况下所采取的对策。由于目标实际值偏离计划值的情况很严重，已经不可能通过调整期实施，如某工程计划工期为24个月，在施工进行到12个月时，工期已经拖延4个月（仅完成原计划8个月的工程量），这时，不可能在以后12个月内完成16个月的工作量，工期拖延已成定局。但是，从进度控制的要求出发，至少不能在今后12个月内出现等比例拖延的情况，如果能在今后12个月内完成原定计划的工程量，实属不易；而如果最终用26个月建成该工程，则后期进度控制的效果是相当不错的。

特别需要说明的是，只要目标的实际值与计划值有差异，就发生了偏差。但是，对于建设工程目标控制来说，纠偏一般是针对正偏差（实际值大于计划值）而言，如投资增加、工期拖延。而如果出现负偏差，如投资节约、工期提前，并不会采取“纠偏”措施，故意增加投资、放慢进度，使投资和进度恢复到计划状态。不过，对于负偏差的情况，要仔细分析其原因，排除假象。例如，投资的实际值存在缺项、计算依据不当、投资计划值中的风险费估计过高。对于确实是通过积极而有效的目标控制方法和措施而产生负偏差效果的情况，应认真总结经验，扩大其应用范围，更好地发挥其在目标控制中的作用。

所谓工程项目造价的有效控制，就是在优化建设方案、设计方案的基础上，在建设程序的各个阶段，采用一定的方法和措施把工程项目造价的发生控制在合理的范围和核定的造价限额以内。

1.3 工程造价控制的基本模式

工程造价控制的基本模式可以分为动态控制、主动控制与被动控制、全过程控制与全方位控制及项目综合控制等基本控制模式。

1.3.1 动态控制的模式

对不同的控制系统虽有着自身系统的不同特点，就控制系统而言，它们都有着某些共同的特性，如输入与输出、变换过程、反馈过程、比较标准等。图1-2表示为对控制系统的一般描述。

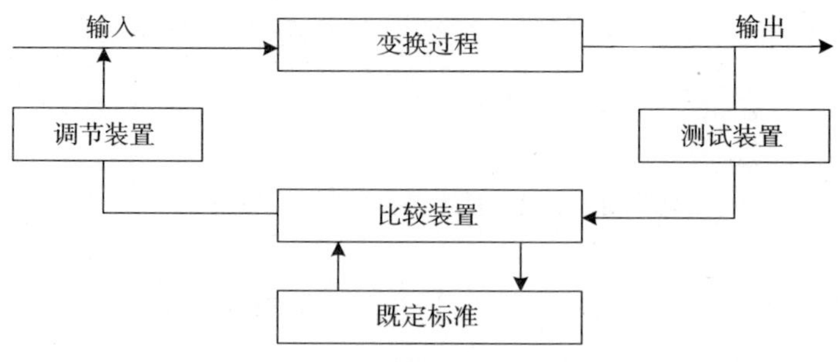

图 1-2 控制系统的一般描述

对于工程造价的控制系统，输入则表示资金；变换过程则表示项目建设过程，包括方案设计、初步设计、施工图设计、招投标等各类活动；输出表示建设各阶段的相关成果，如规划设计阶段的各类设计文件，施工阶段的各种建筑中间产品和最终产品等。测试装置是对各种输出结果的检查验收装置与手段。既定标准表示各类成果预期目标及其应达到的指标。比较装置是对预期目标指标与实际达到目标指标的偏差指标的比较。调节装置是制定纠偏措施和制定纠偏对策的机制。

工程建设项目由于建设周期长，建设环境影响因素复杂，对工程造价控制过程则属于动态控制过程。

所谓动态控制，对自动控制系统来说，是指通过自动调节装置随时调整输入的数量和状态，来实现对系统状态的控制。虽然，工程造价控制难以成为一种自动控制系统，但控制人员可以对输入与输出、变换过程即评价标准的分析比较，从而可以确定建设目标与实现目标的偏差，并通过制定纠偏措施来保证建设投资目标的最终实现。这种工程造价控制过程是随建设过程的进度而逐步开展的。因此，工程造价控制可以采用动态控制的基本模式，即工程造价控制系统的描述也可以用图 1-2 对一般动态控制系统描述的方式来表示。

1.3.2 主动控制与被动控制相结合的模式

被动控制是指减少偏差活动的表现为被动性的控制。即是说，如果当实际值与计划值之间没有偏差或所出现的偏差在允许范围之内，不采取纠偏措施，系统活动仍照原样进行；如果一旦出现实际值与计划值之间产生的偏差超过了允许范围，就应立即采取纠偏措施以改变系统原来的运行状态，被动控制如图 1-3 所示。

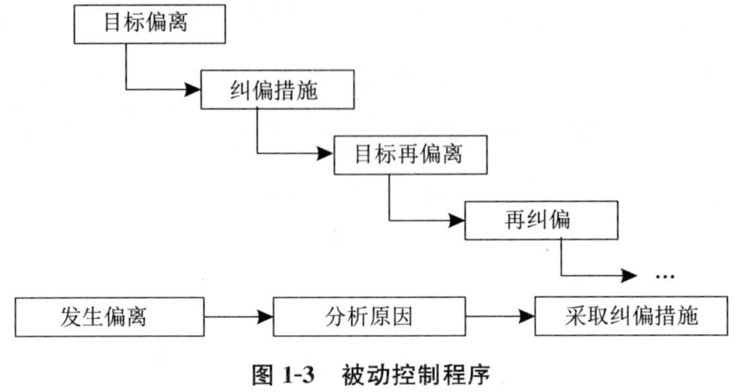

图 1-3 被动控制程序

对自动控制系统，纠偏措施由系统内部的调节装置根据预先设定的程序自动生成。在大多数情况下，纠偏措施与偏差的结果有关而与导致偏差的原因无关，纠偏措施的强度通常与偏差程度成正比，但方向却相反。对于工程项目的建设目标的纠偏，由于影响建设目标实现的因素繁多，产生偏差的原因复杂，在制定纠偏措施之前，必须要对产生偏差的原因进行详尽的系统分析，以便制定纠偏措施。对工程造价控制系统，即使是实现了人一机系统控制，但对纠偏措施也不可能自动产生，应有控制管理人员结合工程建设的实际，才有可能制定出有效的纠偏措施。

主动控制就是指对减少偏差的活动表现为主动性的控制。即是说，在偏差发生之前系统控制目标确定后，首先应全面分析各种可能的干扰因素及其导致系统目标偏离的可能性和程度，在事前就采取必要的预防措施以避免干扰的发生或减轻干扰的程度，从而尽可能地避免偏离系统目标或减少系统目标的偏离程度。主动控制程序如图 1-4 所示。

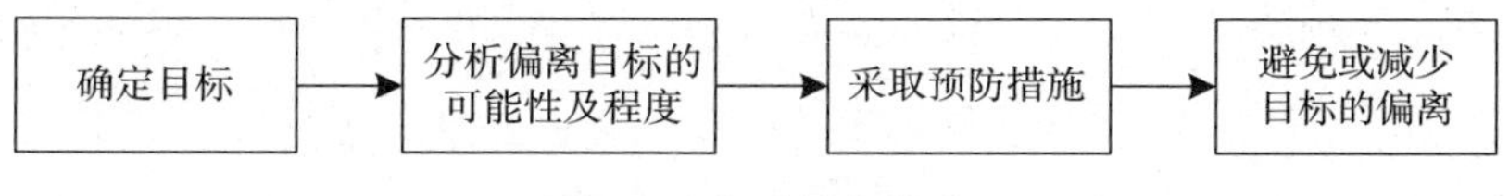

图 1-4　主动控制程序

工程项目建设周期较长，每一控制周期产生对建设目标的偏离程度较大，因此建设目标偏离产生的后果也较为严重。对工程项目建设目标的控制，若仅仅采取被动控制或主动控制都难以实现对建设目标的最终控制。对工程项目建设目标的控制，既要采取事后纠偏的被动控制，又要采取通过对干扰因素影响程度的预测，制定相应的预防措施排除或减少干扰因素对建设目标产生影响的主动控制。以主动控制为主，被动控制为辅，主动控制与被动控制相结合是工程造价控制的又一基本模式。

1.3.3　全过程控制与全方位控制相结合的模式

按建设程序的含义，全过程控制是指对建设全过程的控制，即从方案设计、初步设计、施工图设计、施工阶段到结算阶段。由于工程项目建设全过程具有阶段性，全过程控制可以按建设阶段划分为设计阶段、施工阶段及结算阶段等阶段控制。由于各阶段建设主体不同，建设要求及建设标准不同，阶段控制的目标确定和目标偏离判断及目标纠偏措施也不尽相同。因此，全过程控制的目的是通过对建设各阶段目标的控制来实现对建设总目标的控制。

工程项目建设过程是一种复杂系统的活动过程。工程项目建设活动涉及到参与建设各方主体；工程项目建设活动需要投入数量庞大的资源；工程项目建设需要从事各类复杂的技术经济活动，建设主体行为、投入物的状态及技术、经济活动的效果等都会对建设目标产生偏离的影响。因此，对工程项目建设目标的控制必须实施全方位的控制。由于建设程序的阶段性，工程项目建设目标控制不仅具有全过程控制的特点，而且因各建设阶段控制对象的复杂性和控制主体不同，工程项目建设目标控制还具有全方位控制的特点。所以，工程造价控制是全过程控制与全方位控制相结合的一种基本控制模式。

1.4 工程造价控制点的设置

1.4.1 控制点设置的目的和意义

1. 控制点设置的目的

所谓控制点，是指对工程建设项目的重点控制对象或重点建设进程，为保证对建设目标实施有效的工程造价控制而设置的一种管理模式。工程造价控制点设置的目的是通过对控制点的设置，可以将项目总目标分解为各控制点的分目标，以便对各控制点分目标的控制，来实现对总目标的控制。

2. 工程造价控制点设置的意义

工程造价控制点的设置，有下列几方面的重要意义。

(1) 通过控制点的设置，便于对建设目标的分解，可以将复杂的工程项目建设目标控制转化为一系列简单分项的目标控制。

(2) 设置控制点，有利于控制管理人员及时地分析和掌握控制点处的建设环境条件的变化，易于分析各种干扰因素对有关分项目标产生的影响及其影响程度的测定。

（3）设置控制点，有利于控制管理人员监测分项控制目标，计算分项控制目标值与实际目标值的偏差。

（4）由于分项控制点目标单一，且干扰因素便于测定，有利于控制管理人员制定和实施相应的纠偏措施和控制对策。

（5）通过对下层级控制点分项目标的实现，对上层级控制点分项目标协调提供保证，进而可以保证上层级控制点分项控制目标的实现，直到工程项目建设目标的最终实现。

（6）设置控制点，既可以对控制点分项实施单目标控制，又可以对控制点分项实施多目标的综合控制与综合协调。同时，对各控制点分项目标可以实施主动和被动的多重控制。

1.4.2 控制点的设置原则

1. 控制点设置的基本原则

控制点设置的基本原则是："一点多控，重点突出，易于纠偏"。"一点多控"是指设置一个控制点能同时兼顾对工程项目建设费用、进度和质量的控制。"重点突出"是指控制点应设置在工程项目建设技术经济活动中的关键时刻和关键部位，有利于控制影响工程建设费用、进度和质量目标的关键因素。"易于纠偏"是指控制点应设置在建设目标偏差易于测定的关键活动或关键时刻处，有利于控制管理人员及时制定纠偏措施。

2. 控制点设置的一般原则

在控制点设置的基本原则指导下，进行控制点设置时，还应遵守下述一般原则：

（1）控制点设置要有利于对建设单目标和多目标控制相结合，

如对建设进度目标控制，控制点应设置在网络计划的关键节点处，对建设费用控制，控制点应设置在网络计划资源消耗强度较大的关键活动中；对质量控制控制点应选择在技术较复杂、且对项目功能及安全影响最大的技术活动上。综上所述，为了保证控制点对建设单目标控制的可靠性和对建设多目标控制的灵活性，一般应选择技术经济活动复杂、资源消耗量大、外界影响因素多、易于发生质量事故的关键活动或关键节点作为控制点。

（2）控制点设置要有利于参与工程建设的不同主体从事工程控制活动。业主主要是从宏观角度来从事工程控制，在建设的各个阶段和对重要的建设技术活动成果都应设置控制点；设计单位主要是承诺与设计阶段的工程控制，对设计阶段的某些重要的技术经济活动，如总体方案及专业方案的制定、工艺路线及设备配置、专业工种配合与协调等活动都应设置相应的控制点；施工单位从事工程建设过程中的微观控制，按工程进度、工程部位、重要活动及重要建设资源供应等方面都应设置控制点；其他各方参与建设单位，如供货厂商、运输单位、监理单位等应依据建设合同制定的相应义务和责任，在参与工程项目建设的技术经济活动中，也应设置相应的控制点，以确保建设合同规定的建设目标的实现。

（3）保持控制点设置的灵活性和动态性。对于一些大型工程建设项目，由于建设规模庞大，建设周期较长，影响因素繁多，建设目标干扰严重，控制点设置不是一成不变的，必须根据建设进展的实际情况，对已设立的控制点应随时进行必要的调整或增减，使控制点设置应具有相应的灵活性和动态性，以达到对工程项目建设目标的全过程、全方位的控制。

第 2 章　勘察设计阶段的工程造价控制

建设工程勘察是指根据建设工程的要求，查明、分析、评价建设场地的性质、地理环境特征和岩土工程条件，编制建设工程勘察文件的活动。建设工程设计是指根据建设工程的要求，对建设工程所需的技术、经济、资源、环境等条件进行综合分析、论证，编制建设工程设计文件的活动。建设工程勘察、设计在我国国民经济建设和社会发展中占有重要的地位和作用，它是工程建设前期的关键环节。工程项目的质量目标与水平，是通过设计使其具体化，据此作为施工的依据，而勘察是设计的重要依据，同时对施工有重要的指导作用。勘察设计质量的优劣，直接影响工程项目的功能、使用价值和投资的经济效益，关系着国家财产和人民生命的安全。

设计阶段是建设项目由计划变为现实的具有决定性意义的工作阶段，是确定工程价值的主要阶段。在项目建设过程中，不同阶段影响工程项目投资的规律表明，影响工程造价最大的阶段是项目建设开始至初步设计结束的阶段（约占建设期的 1/4），其影响程度为 75%。

2.1 方案设计

方案设计阶段是设计真正开始的阶段。设计单位建筑设计方案既需要满足委托方的需求，也需向当地规划部门报审。

在方案设计阶段，应运用全生命造价控制理论和价值工程管理理论，充分考虑设计的经济合理性，使得技术与经济有效结合，从而有效降低建设阶段的工程造价费用，而且有效降低建设项目在运营期及拆除期的费用。在各个设计单位提出不同的方案后，业主需要自己或者组织相关专家进行设计方案选择和优化。

2.1.1 方案设计控制点

在方案设计阶段，控制点如下：

控制点一：重点审查方案招标

方案招标的过程就是择优选择项目的建筑形态的过程，业主应针对招标的特点和性质，做出详细分析，对代理招标单位的招标计划和工作进行严格的审查，对招标代理单位的招标进度不间断的监督。业主监督审查方案招标的重点主要有以下内容：

（1）招标公告应准确反映项目信息和建设方的建设意图，同时应做好投标咨询工作；

（2）严格审查参加投标单位的资质和业绩，避免出现挂靠大设计院和大公司而技术力量不够的私人和非正式的设计单位参加投标的现象，致使设计质量整体下降；

（3）对违反招标投标法进行“围标”、“圈标”的设计单位一律做废标处理；

（4）仔细检查投标的递送文件，防止出现作弊行为；

（5）严格要求参加招标人员的自律意识，防止出现腐败行为。

控制点二：重点审查方案设计

在方案设计阶段，业主应组织专家委员对方案设计进行审查，以确定投标的方案是否切实满足要求，审查内容主要有以下几点：

（1）是否响应招标要求，是否符合国家规范、标准、技术规程等的要求；

（2）是否符合美观、实用及便于实施的原则；

（3）总平面的布置是否合理；

（4）景观设计是否合理；

（5）平面、立面、剖面设计情况；

（6）结构设计是否合理，可实施；

（7）公建配套设施是否合理、齐全；

（8）新材料、新技术的运用；

（9）设计指标复核；

（10）设计成果提交的承诺。

控制点三：重点审查优化方案

中标方案确定后，业主应组织行业专家，针对中标方案的不足，结合其他投标方案的长处，对中标方案提出修改建议，并编制形成正式文件。在规定的时间内督促中标的设计单位提出最优方案，直到满足要求。

控制点四：组织方案报审

业主应将内部审查并调整完毕的方案向当地规划部门报审。为了防止因审批时间过长而耽误整个项目进度的情况出现，在方案报审的过程中，业主应协助设计单位作好方案报审的准备工作，尽量确保方案会审顺利进行。对于报审前业主的准备工作，主要包括以下内容：

（1）报审前复查设计方案图纸，检查是否符合规范要求，图纸是否具有设计单位图签、出图章、设计单位资质证书编号及各专业设计人员的签名；

（2）检查报审的图纸文件是否齐全，不全的应要求设计单位补送有关图纸、文件，审批时间从补齐之日算起；

（3）在取得《建筑工程设计方案审核意见单》后，立即协助委托方申请《建筑工程规划许可证》，为后期工作做好准备；

（4）若设计方案经审核需做较大修改的，业主应再次及时组织送审设计文件；完成建筑方案的报批审查后，方可进入初步设计阶段。

2.1.2 方案设计控制点管理依据

方案设计阶段控制点管理的主要依据有：

（1）方案设计任务书；

（2）项目建议书、可行性研究报告及附件；

（3）使用单位、委托方的有关要求，项目功能目标系统；

（4）设计标准，包括工程等级、结构的设计使用年限；

（5）行业设计规范；

（6）项目有关的政府批文及规划条件等。

2.1.3 方案设计控制点管理程序

方案设计审查流程图，如图 2-1 所示。

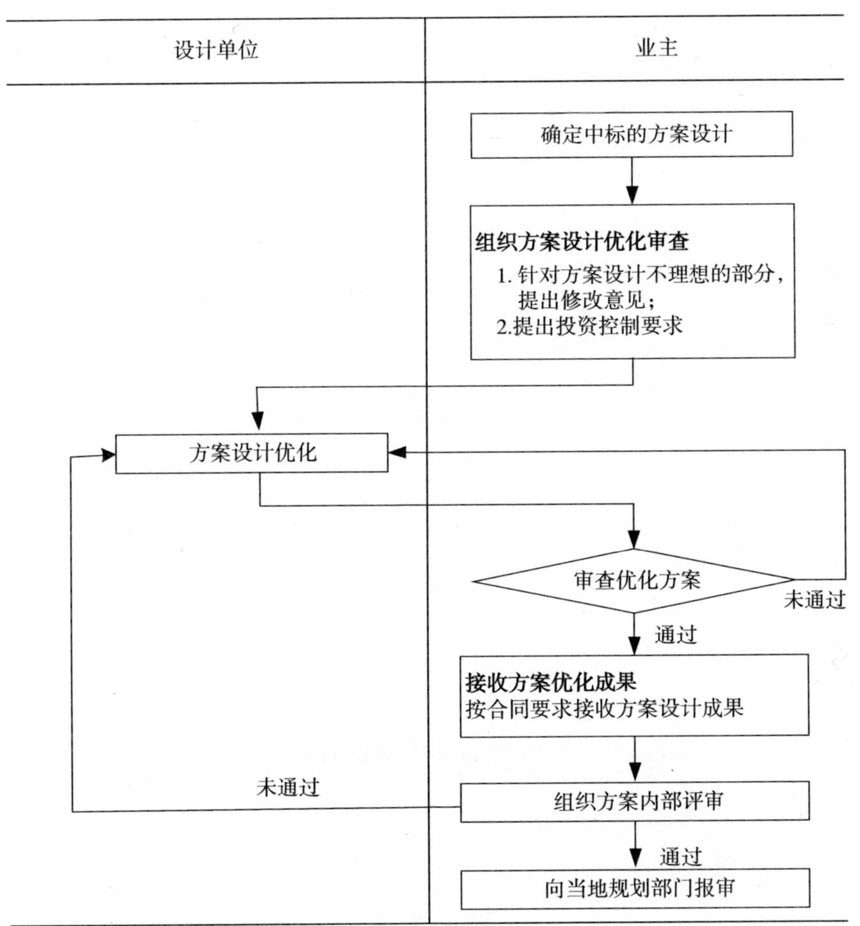

图 2-1 方案设计审查流程图

2.1.4 注意事项

(1) 方案设计要以满足最终使用单位的需求为重点，对建筑的整体方案需要进行设计、评选和优选。

(2) 业主进行方案设计招标时，若只对方案设计进行招标，而无需中标单位承担后续设计任务时，要在招标文件中进行说明。

(3) 业主需要对方案设计组织专家进行优化，在功能、投资等方面提出合理化建议。

2.2 初步设计

在方案设计通过委托方及相关部门的审批以后，就可以开展初步设计，初步设计文件应满足国家《建筑工程设计文件编制深度的规定》(建质［2008］216号) 并提供相应的设计概算，以便委托方有效控制投资。本部分在设计阶段中是一个关键性阶段，也是整个设计构思基本形成的阶段。初步设计阶段需要解决以下问题：

(1) 明确拟建工程和规定期限内进行建设的技术可行性和经济合理性；

(2) 规定主要技术方案、工程总造价和主要技术经济指标，以利于在项目建设和使用过程中最有效地利用人力、物力和财力。

初步设计阶段业主的管理重点主要是对初步设计文件的审查，初步设计文件包括设计说明书（包括设计总说明、各专业设计说明)、有关专业的设计图纸、主要设备或材料表、工程概算书以及有关专业计算书。本节主要介绍初步设计审查和设计概算审查。

2.2.1 初步设计审查

1. 初步设计审查控制点

控制点一：编制初步设计任务书

在方案设计基础上，进一步提出建筑、结构、设备等专业的设计要求；提出投资控制要求，提出科学合理的限额设计要求。

限额设计是按照批准的可行性研究报告及投资估算控制初步设计，按照批准的初步设计总概算控制技术设计和施工图设计，同时各专业在保证达到使用功能的前提下，按分配的投资限额控制设计，严格控制不合理的变更，保证总投资额不被突破。限额设计的投资额一般是指静态的建筑安装工程费用，在确定投资限额时，要充分考虑不同时间投资额的可比性，即考虑资金的时间价值。

推行限额设计的关键是投资限额的确定，目前一般用投资估算来控制初步设计。限额设计控制工作包括如下内容。

(1) 重视设计中的方案选择

在初步设计阶段采用限额设计，各专业设计人员应强化控制建设投资意识，在拟定设计原则、技术方案和选择设备材料过程中应先掌握工程的参考造价和工程量，严格按照限额设计所分解的投资额和控制工程量进行设计，并以单位工程为考核单元，实现专业内部平衡调整，提出节约投资的措施，力求将造价和工程量控制在限额范围之内。

(2) 注重新技术、新设备、新工艺的应用

设计理论的落后往往带来工程造价的增加，要促使设计人员进行多方案的必选，尤其要注意运用技术经济比较的方法，使选择的设计方案真正做到技术可行、经济合理。

(3) 确定研究重点，考虑对限额设计有较大影响的因素

设计方案、结构选型、平面布置、空间组合等都是影响工程造

价最为敏感的因素，在设计过程中应该重点研究这些因素。

控制点二：组织初步设计文件报审

在此阶段，当设计图纸出来后，业主需组织各专业专家逐张审查图纸，重点审查选材是否经济、做法是否合理、节点是否详细、图纸有无错、缺、碰、漏等问题。在认真审阅图纸后，书面整理专家审图意见，与设计单位约定时间，共同讨论交换意见，达成共识后，进行设计图纸修改。

业主对初步设计审查合格后，需按当地建设行政主管部门的规定，将初步设计文件报送建设行政主管部门审查。

控制点三：组织优化初步设计优化审查

业主进行的初步设计的审查应当包括下列主要内容：

（1）是否按照方案设计的审查意见进行了修改；

（2）是否达到初步设计的深度，是否满足编制施工图设计文件的需要；

（3）是否满足消防规范的要求；

（4）建筑专业。①建筑面积等指标没有大的变化；②建筑功能分隔是否得到深化，总平面、楼层平面、立面设计是否深入；③主要装修标准明确；④各楼层平面是否分隔合理，有较高的平面使用系数；

（5）结构专业。①结构体系选择恰当，基础形式合理；②各楼层布置合理；

（6）设备专业。①系统设计合理；②主要设备选型得当、明确；

（7）有关专业重大技术方案是否进行了技术经济分析比较，是否安全、可靠；

（8）初步设计文件采用的新技术、新材料是否适用、可靠；

（9）设计概算编制是否按照国家和地方现行有关规定进行编制，深度是否满足要求。

2. 初步设计审查控制点管理依据

业主初步设计审查应以下列文件为依据：

（1）国家政策、法规；

（2）各专业执行的设计规范、标准及现行国家及项目所在地的有关标准、规程；

（3）政府有关主管部门的批文、可行性研究报告、立项书、方案文件等的文号或名称；

（4）批准的方案设计；

（5）规划、用地、环保、卫生、绿化、消防、人防、抗震等要求和依据资料；

（6）委托方提供的有关使用要求或生产工艺等资料；

（7）建设场地的自然条件和施工条件；

（8）有关的合同、协议、设计任务书等；

（9）其他的有关资料。

3. 初步设计审查控制点管理程序

项目初步设计阶段审查程序如图 2-2 所示。

4. 注意事项

（1）初步设计深度不够是目前建设项目初步设计存在的一个普遍问题。因此，初步设计管理也要注重对设计人员经验和业务水平等方面加强对设计单位的管理；

（2）注重初步设计不能与可行性研究报告偏离，其深度要达到或超过可行性研究报告；

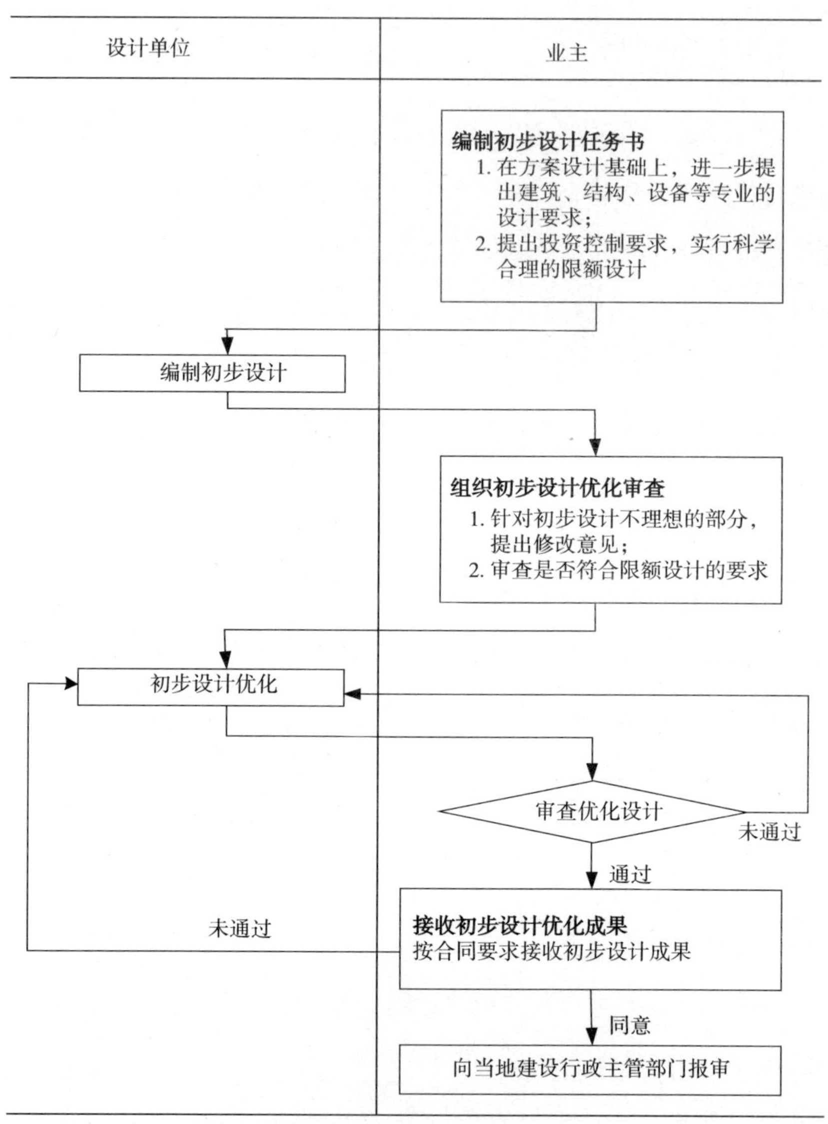

图 2-2　初步设计审查程序图

（3）业主需要按国家《建筑工程设计文件编制深度规定》的要求及合同要求，严格审查初步设计文件的内容是否齐全，设计文件的份数是否满足合同约定。

2.2.2 设计概算审查

业主设计概算管理的工作职责是组织设计单位在造价控制目标内进行估算调整及设计调整、组织初步设计概算内部评审、组织设计单位进行技术经济分析比较或调整概算。设计概算审查一般采用集中会审的方式进行。由会审单位分头审核，然后集中共同研究定案，或组织有关部门成立专门的审核班子，根据审核人员的业务专长分组，再将概算费用进行分解，分别审核，最后集中讨论定案。

1. 设计概算审查控制点

控制点一：审查设计概算编制依据与深度

首先审查设计文件是否齐全；其次审查设计概算的编制依据，审查的重点有：(1) 审查编制依据的合法性；(2) 审查编制依据的时效性；(3) 审查编制依据的适用范围；最后审查概算编制深度。审查重点有：(1) 审查编制说明；(2) 审查概算编制深度；(3) 审查概算的编制范围；

控制点二：审查建设规模、标准

审查重点有：(1) 审查概算的投资规模、生产能力、设计标准、建设用地、建筑面积、主要设备、配套工程等是否符合原批准可行性研究报告或立项批文的标准；(2) 如概算总投资超过原批准投资估算 10%以上，应进一步审查超估算的原因，确因实际需要投资规模扩大，需要重新立项审批。

控制点三：审查设备规格、数量和配置。

控制点四：审查建筑安装工程工程费。

根据初步设计图纸、概算定额及工程量计算规则、专业设备材料表、建构筑物和总图运输一览表，审查是否有无多算、重算、漏算。

2. 设计概算审查控制点管理依据

设计概算审查应以下列文件为依据：

(1) 国家政策、法规；

(2) 各专业执行的设计规范、标准及现行国家及项目所在地的有关标准、规程；

(3) 政府有关主管部门的批文、可行性研究报告、立项书、方案文件等的文号或名称；

(4) 规划、用地、环保、卫生、绿化、消防、人防、抗震等要求和依据资料；

(5) 委托方提供的有关使用要求或生产工艺等资料；

(6) 审查计价指标；

(7) 审查其他费用。

3. 设计概算审查控制点管理程序

项目设计概算审查流程如图 2-3 所示。

4. 设计概算审查控制点管理方法

采用适当方法审查设计概算，是确保审查质量、提高审查效率的关键。常用的方法有：

(1) 查询核实法

查询核实法是对一些关键设备和设施、重要装置、引进工程图纸不全、难以核算的较大投资进行多方查询核对、逐项落实的方法。

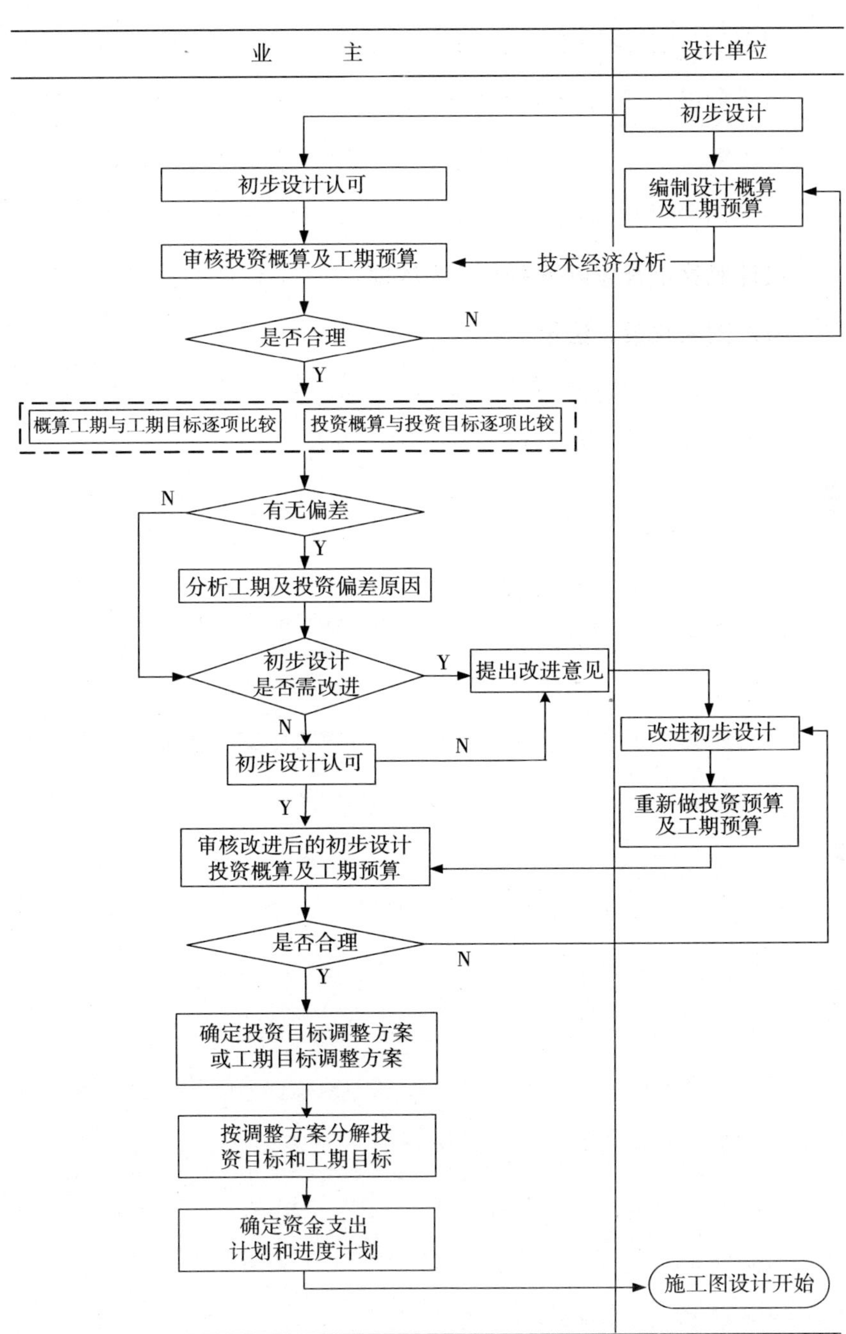

图 2-3　设计概算控制工作流程

（2）对比分析法

对比分析法是通过建设规模、标准与立项批文对比，工程数量与设计图纸对比，综合范围、内容与编制方法、规定对比，各项取费与规定标准对比，材料、人工单价与统一信息对比，引进投资与报价要求对比，技术经济指标与同类工程指标对比等，发现设计概算存在的主要问题和偏差。

（3）主要问题复核法

主要问题复核法是对审查中发现的主要问题、偏差大的工程进行复核，对重要、关键设备和生产装置或投资较大的项目进行复查。

（4）分类整理法

分类整理法是指对审查中发现的问题和偏差，对照单项、单位工程的顺序目录，先按设备费、安装工程费、建筑工程费和工程建设其他费用分类整理，再汇总核增或核减项目及其投资额，最后将具体审核数据，按照“原编概算”、“审核结果”、“增减投资”、“增减幅度”四栏列表，并照原总概算表汇总顺序，将增减项目逐一列出，相应调整所属项目投资合计，再依次汇总审核后的总投资及增减投资额。

（5）联合会审法

联合会审前，可先采取多种形式审查，包括设计单位自审，业主、监理单位等单位初审，造价咨询单位评审，邀请同行专家预审，经层层审查把关后，再召开有关单位和专家的联合会审会议。设计概算应全面、完整地反映建设项目的投资数量和投资构成，通过上述的审查措施，使其真正成为控制投资规模和工程造价的主要依据。

5. 注意事项

（1）要了解建设工程的概况。认真阅读设计说明书，充分了解设计意图，必要时到工程现场实地查看；

（2）重点加强对建筑安装工程费和设备及工器具购置费的审核；

（3）设计概算应包含整个建设项目的投资，避免概算漏项。为此，在概算审核中，要根据项目要求，将漏项部分计算到总概算中，使审核后的概算充分反映项目的实际投资状况；

（4）设计概算要提供单项工程概算表和单位工程概算表。当一个项目由多个单项工程组成时应编制单项工程概算表，并以其所辖的建筑工程、设备安装工程为基础汇总编制。单位工程概算表分为建筑工程概算表、设备安装工程概算表；

（5）若审查后初步设计概算超出立项批复的投资额，业主需要与使用单位共同做出决策：是降低建设标准还是减少建筑面积，或重新立项报批。

2.3 施工图设计

施工图设计阶段主要是通过图纸把设计者的意图和全部设计结果表达出来，主要以图纸的形式提交设计文件成果，使整个设计方案得以实施。施工图设计，一是用于指导施工，二是用做工程预算编制的依据。施工图设计应满足国家《建筑工程设计文件编制深度的规定》（建质［2008］216号），是否提供施工图预算需要在设计合同中明确。

施工图设计阶段，业主的管理重点主要是对施工图设计文件的审查，施工图设计文件包括合同要求所涉及的所有专业的设计图纸

（含图纸目录、说明和必要的设备、材料表及图纸总封面）、合同要求的工程预算书、各专业计算书。本节主要介绍施工图设计审查和施工图预算审查。

2.3.1 施工图设计审查

施工图设计审查分为业主自行组织的技术性及符合性审查以及建设行政主管部门认定的施工图审查机构实施的工程建设强制性标准及其他规定内容的审查，完成审查后的施工图文件应到建设行政主管部门进行备案。

2.3.1.1 施工图设计审查控制点

控制点一：组织各有关单位对施工图进行内部审查

在施工图出图后及送行政审查前，业主应组织委托方、工程量清单编制单位、造价咨询单位、监理单位等各相关单位对施工图的设计内容进行内部审查，如：造价咨询机构、工程量清单编制单位应从工程量清单编制过程中发现的技术问题，或从造价控制的角度提出意见、建议；而监理单位应结合施工现场（比如，技术的可靠性、施工的便利性、施工的安全性等方面）提出意见、建议。

业主对各单位审查意见进行汇总，并召开专题会议共同讨论，由设计单位对施工图进行修改、完善，最后形成正式的施工图。

施工图设计文件应正确、完整和详尽，并确定具体的定位和结构尺寸、构造措施，材料、质量标准、技术细节等，还应满足设备、材料的采购需求，满足各种非标准设备的制作需求，满足招标及指导施工的需要。业主对施工图设计审查的主要内容应包括：

1. 建筑专业

（1）建筑面积是否符合政府主管部门批准意见和设计任务书的要求，特别是计入容积率的面积是否核算准确；

（2）建筑装饰用料标准是否合理、先进、经济、美观，特别是外立面是否体现了方案设计的特色，内装修标准是否符合委托方的意图；

（3）总平面设计是否充分考虑了交通组织、园林景观，竖向设计是否合理；

（4）立面、剖面、详图是否表达清楚；

（5）门窗表是否能与平面图对应，其统计数量有无差错，分隔形式是否合理；

（6）消防设计是否符合消防规范，包括防火分区是否超过规定面积，防火分隔是否达到耐火时限，消防疏散通道是否具有足够宽度和数量，消防电梯设置是否符合要求；

（7）地下室防水、屋面防水、外墙防渗水、卫生间防水、门窗防水等重要位置渗漏的处理是否合理；

（8）楼地面做法是否满足委托方要求。

2. 结构专业

（1）结构设计总说明是内容否准确全面，结构构造要求是否交代清楚；

（2）基础设计是否符合初步设计确定的技术方案；

（3）主体结构中的结构布置选型是否符合初步设计及其审查意见，楼层结构平面梁、板、墙、柱的标注是否全面，配筋是否合理；

（4）结构设计是否满足施工要求；

（5）基坑开挖及基坑围护方案的推荐是否合理；

（6）钢筋含量、节点处理等问题是否合理；

（7）土建与各专业的矛盾问题是否解决。

3. 设备专业

（1）系统是否按照初步设计的审查意见进行布置；

（2）与建筑结构专业是否矛盾；

（3）消防工程设计是否满足消防规范的要求，包括火灾报警系统、防排烟系统、消火栓系统、喷淋系统以及疏散广播系统等；

（4）给水管供水量及管道走向、管径是否满足最不利点供水压力需要，是否满足美观需要；

（5）排水管的走向及布置是否合理；

（6）管材及器具选择是否符合规范及委托方要求；

（7）水、电、煤、消防等设备、管线安装位置设计是否合理、美观且与土建图纸不相矛盾；

（8）煤气工程是否满足煤气公司的审图要求；

（9）室内电器布置是否合理、规范，强、弱电室内外接口是否满足电话局、供电局及设计要求；

（10）用电设计容量和供电方式是否符合供电局规定要求。

完成内部审查后，应及时送至相关的施工图审查机构审查，并取得施工图审查合格书。

控制点二：对各单位的审查意见进行汇总

控制点三：召开专题会议进行讨论商定

2.3.1.2　施工图设计审查控制点管理依据

业主进行的施工图设计审查应以下列文件为依据：

（1）设计依据；

（2）国家政策、法规及设计规范；

（3）设计任务书或协议书；

（4）批准的初步设计；

（5）详细的勘察资料；

（6）关于初步设计审查意见；

（7）关于初步设计工程所在地建设行政主管部门的批复意见；

（8）其他资料。

此外，施工图审查机构进行的施工图设计审查，主要依据有：

（1）《实施工程建设强制性标准监督规定》（建设部［2000］第 81 号）；

（2）《房屋建筑和市政基础设施工程施工图设计文件审查管理办法》（建设部［2004］第 134 号）。

2.3.1.3　施工图设计审查控制点管理程序

（1）业主对施工图设计的审查程序如图 2-4 所示。

业主	工程量清单编制单位	造价咨询单位	监理单位	设计单位
组织各有关单位对施工图进行内部审查				
	提出修改意见、建议	提出修改意见、建议	提出修改意见、建议	
对各单位的审查意见进行汇总				
召开专题会议进行讨论、商定				
				根据审查意见，对原施工图进行修改、完善
				提供正式施工图

图 2-4　业主对施工图设计的审查程序

（2）施工图审查机构对施工图设计的审查程序如图 2-5 所示。

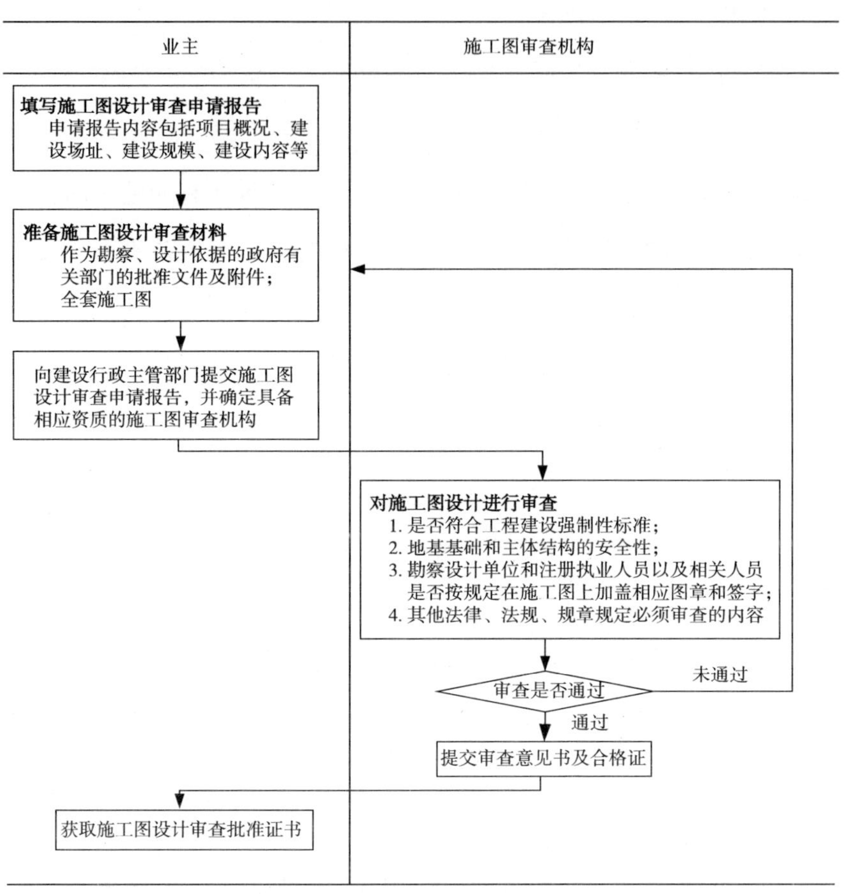

图 2-5　施工图审查机构对施工图设计的审查程序

2.3.1.4　注意事项

（1）施工图审查机构一定要具备相应资质，超限高层建筑工程的施工图设计文件审查应当由经国务院建设行政主管部门认定的具有超限高层建筑工程审查资格的施工图设计文件审查机构承担。

（2）未经超限高层建筑工程抗震设防专项审查，建设行政主管部门和其他有关部门不得对超限高层建筑工程施工图设计文件进行审查。

（3）工程勘察文件经审查合格后，设计单位方可采用，同一项目的工程勘察文件与施工图设计文件原则上应委托同一审查机构审查。

（4）业主对施工图设计进行审查时，要注意施工图设计是否按照设计合同的规定提供足够套数的施工图，是否所有的施工图都加盖了设计单位的出图章，是否设计人、校对人、专业负责人、设计总负责人的签字齐全并且有专业会签。

2.3.2 施工图预算审查

施工图预算是控制施工图设计不突破设计概算的重要措施，是施工组织材料、机具、设备及劳动力供应以及进行编制或调整固定资产投资计划的依据。

1. 施工图预算审查控制点

控制点一：做好施工图预算审查前的准备工作

熟悉施工图纸。施工图是编制预算分项数量的重要依据，必须全面熟悉了解，核对所有图纸，清点无误后，依次识读。

（1）了解预算包括的范围，根据预算编制说明，了解预算包括的工程内容；

（2）弄清预算采用的单位估价表。

控制点二：选择合适的审查方法，按相应内容审查。

应重点注意以下几个方面：

（1）预算列项，既不能多项、重项，也不能漏项，否则即使其他步骤都正确，预算结果也不正确；

（2）工程量计算，复核计算规则、计算单位、工程量数据是否正确；

（3）定额及预算单价的套用，复核其是否漏算、定额套用是否重复或错误使用；

（4）取费标准，复核类别、费率、基数、价差的计算是否正确；

（5）其他费用的计算。

控制点三：综合整理审查资料，并与编制单位交换意见，定案后编制调整预算

2. 施工图预算审查控制点管理依据

业主施工图预算管理工作重点是对施工图预算的审查，施工图预算审查的依据主要有：

（1）设计合同、设计任务书等；

（2）批准的项目建议书、可行性研究报告、初步设计文件等；

（3）《建筑工程设计文件编制深度规定》（建质［2008］216号）；

（4）建设场地的自然条件和施工条件；

（5）完整的施工图文件；

（6）其他资料。

3. 施工图预算审查控制点管理程序

施工图预算具体审查程序如图2-6所示。

4. 施工图预算审查控制点管理方法

施工图预算审查的方法主要有：

（1）全面审核法

首先根据施工图预算全面计算工程量，然后将计算的工程量与审查对象的工程量逐一进行对比，同时，根据定额或者单位估价表逐项对审核对象的单价进行核实。

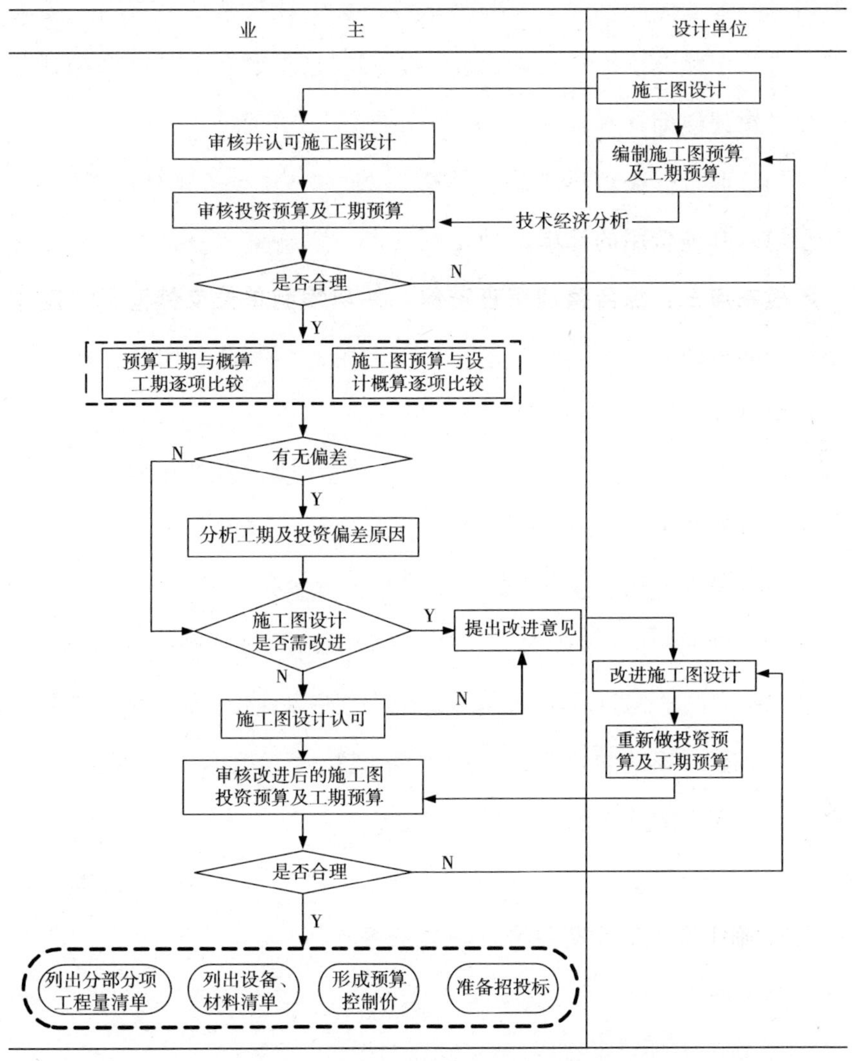

图 2-6　施工图预算控制程序图

（2）标准预算审核法

对利用标准图纸或通用图纸的工程，先集中力量编制标准预算，以此为准审查工程预算。按标准设计图纸或通用图纸施工的工程，一般上部结构和做法相同，只是根据现场施工条件或地质情况不同，仅对基础部分做局部改变。此种工程以标准预算为准，对局部修改部分进行单独审核，而不需要逐一进行审核。

（3）分组计算审核法

分组计算审核法就是将预算中有关项目按类别划分为若干组，利用同组中一组数据审核分项工程量的一种做法。首先将相邻且有一定内在联系的分部分项工程量进行编组，利用同组分项工程按相邻且有一定内在联系的项目进行编组，由此判断同组中其他几个分项工程的准确程序。

（4）对比审核法

对比审核法是用已建成工程的预算或虽未建成但已审查修正的工程预算对比审查拟建的工程预算的一种方法。

（5）筛选审核法

筛选审核法是统筹法的一种，也是一种对比方法。建筑工程虽有建筑面积和高度的不同，但是各分部分项工程的工程量、造价、用工量在每个单位面积上的数值变化不大。通过归纳工程量、价格、用工三方面基本指标来筛选各分部分项工程，对不符合条件的进行详细审查。若审查对象的预算标准与基本指标的标准不同，就要对其进行调整。

（6）重点审核法

重点审核法是抓住工程预算中的重点进行审核，一般包括工程量较大或者造价较高的各种工程、补充定额以及各项费用等。

5. 注意事项

施工图预算审查的注意事项有：

（1）从事施工图预算审核的人员，应具备相应的执业（从业）

资格，需在施工图预算审核文件上签署注册造价工程师执业资格专用章或造价员从业资格专用章，并出具施工图预算审核意见报告，报告要加盖工程造价咨询企业的公章和资质专用章。

（2）审核人员应充分理解整体的施工图预算审核方案。

（3）审核人员应充分论证收集到的资料及补充资料是否完全支持随后的施工图预算编制实施，尽量提前充分准备，防止遗漏与疏忽。

（4）材料价格的来源很多，目前主要建筑材料采用由各级造价管理部门发布的材料指导信息价格，全国各地的工程造价管理部门都在发布材料价格信息，材料价格信息发布是否准确、及时也会影响到施工图预算审核的准确性。

（5）经审查的施工图预算不能超过初步设计概算。

2.4 设计文件的资料管理

业主对设计文件的资料进行管理可以保证设计及施工有序进行，保证工程实际进度在计划进度之内。通过审图及备案的施工图、方案设计文件、初步设计文件均应先业主登记归档，业主应设置专人进行管理、统一发放，并负责统计和分发设计文件，各收图单位应指定人员到业主处签领。

2.4.1 设计文件的资料管理控制点

控制点一：接收设计文件

业主收到设计单位送来的图纸资料后，首先应做好以下工作：

（1）按照合同内容，核实图纸套数，对照图纸目录核查图纸数量是否吻合，无误后方可接收图纸；

（2）进行图纸收录登记，建立台账；

（3）涉及图纸升版时，应要求设计单位在每次升版时，必须附带图纸目录，需明确升版所涉及的图号，避免图纸混乱而误导施工；

（4）图纸发放有效性标识要具备出图章、设计人员签字。

控制点二：分发设计文件

（1）按合同及施工标段分发设计图纸；

（2）实行设计图纸发放记录登记制度；

（3）确定发放范围，建立《图纸资料分配单》和《图纸资料发放登记表》；

（4）变更图纸的发放范围按原发放范围实施；

（5）涉及多工种配合、按合同约定的图纸无法满足施工需要时，必须及时对图纸加晒（图纸加晒单详参考成果文件），不能因此影响施工；

（6）图纸发放不得迟于接收后两日。

控制点三：管理图纸资料存档

（1）文件归档，应日案日清，最迟不得逾两日；

（2）及时完成图纸审查工作，取得审查合格证并存档，针对补图和深化设计的图纸也需及时检查图纸的审图工作是否完成；

（3）重视零星图纸的管理与归档；

（4）作废版本图纸资料在验证后加盖“作废”章，且不得进柜保存，应采取隔离措施确保不与有效图纸相混淆；

（5）需借用存档图纸资料时，应按规定办理借阅、归还手续；

（6）重要资料借阅时应提供复印件，不得随意将原件借出；

（7）建立图纸档案，主要包括：

- 图纸目录和到图登记表；
- 图纸资料分配单；
- 图纸发放登记表；
- 图纸借阅登记表；
- 作废图纸回收记录表。

（8）图纸使用管理

现场使用的图纸，交各专业工程师保管，用图人不准在施工图纸资料上乱写乱画和随意更改，应爱护图纸，防止丢失和损坏。

2.4.2 设计文件的资料管理控制点管理依据

《建设工程文件归档整理规范》（GB/T 50328—2001）。

2.4.3 注意事项

设计文件的管理需要注意以下几点：

（1）设计文件资料管理要依据国家有关规定，建立规范的资料管理档案和管理制度，保证设计资料不丢失、不混乱、不混淆；

（2）图纸资料的签收和分发一定要保证双方签字认可，避免事后纠纷；

（3）图纸升版时一定要附带目录，避免图纸混乱而耽误施工；

（4）重要的文件、图纸应备好复印件，不能将原件随意借出；

（5）注意图纸的使用及图纸数量是否满足施工需要。

2.5 地勘及设计的现场服务管理

地勘设计现场配合服务是地勘及设计工作的重要组成部分，随着建筑技术的不断发展，新技术、新结构、新工艺层出不穷，加上设计各专业之间的配合问题，设计本身出现的错、缺、碰、漏等，均需要勘察设计单位现场配合施工。地勘及设计的现场配合是勘察设计的最后一道技术服务，发挥着对勘察设计成果补充完善的作用，故应高度重视地勘及设计的现场服务。

2.5.1 地勘及设计的现场服务控制点

控制点一：施工过程中地勘及设计的现场服务工作内容

（1）参加委托方或政府部门的审查会议、参与施工招标答疑、参加工程例会、专题会议等；

（2）进行技术交底，参加施工图会审；

（3）根据深入施工现场以及各阶段验收发现的问题，优化设计；

（4）质量事故技术方案的审定；

（5）参加工程设备调试；

（6）派驻设计现场代表，收集委托方及参加各方的意见，及时解决设计问题；

（7）对施工现场进行技术督导以及新技术、新工艺、新结构、关键工序的现场指导；

（8）设计变更的现场处理；

（9）地基验槽、基础、主体等工程检验及验收并进行客观公正的评价；

（10）配合竣工验收，提交设计文件质量检查报告。

（11）工程回访。

控制点二：地基验槽

（1）地基验槽必须具备的资料和条件包括：勘察单位、设计单位、业主、监理单位和施工单位的有关技术人员到场；具备基础施工图、结构总说明和详细勘察阶段的岩土工程勘察报告；基槽开挖完毕、无浮土、松土。

（2）地基验槽的准备工作：要求建设方提供场地内是否有地下管线和相应的地下设施相关文件。察看结构说明和地质勘察报告，对比结构设计所用的地基承载力、持力层与报告所提供的是否相同；询问、察看建筑位置是否与勘察范围相符；察看场地内是否有软弱下卧层；场地是否为特别的不均匀场地；是否存在勘察方要求进行特别处理的情况，而设计方没有进行处理。

（3）地基验槽的主要内容：根据设计图纸检查基槽的开挖平面位置、尺寸、槽底深度，检查是否与设计图纸相符、开挖深度是否符合设计要求；仔细观察槽壁、槽底土质类型、均匀程度和有关异常土质是否存在，核对基坑土质及地下水情况是否与勘察报告相符；检查基槽之中是否有旧建筑物、古井、古墓、洞穴、地下掩埋物及地下人防工程等；检查基槽边坡外缘与附近建筑物的距离，基坑开挖对建筑物稳定是否有影响；检查核实分析钎探资料，对存在的异常点位进行复核检查。

（4）地基验槽的方法有观察法和钎探法。

控制点三：处理地勘异常情况

勘察工作是面对地面以下的地质体，难以直接观察和检查，而大多数岩土体是非均质、各向异性的，且受力状态复杂，即使详勘也不能完全揭露地下土层的变化，只能宏观反映地层条件，“以点代面”进行综合评价，是勘察工作的基本方法，故难免会出现实际施工过程中地质情况与地勘报告不符的现象，这就需要地勘等单位进行现场分析、处理。

1. 地勘异常情况的原因分析

地勘异常情况出现时，应从以下三方面查明原因：

（1）各个勘察阶段要解决的问题及侧重点是不同的，首先应查明勘察的深度是否满足设计要求；

（2）勘察现场的岩土取样和原位测试工作手段是否合适；

（3）勘察土工试验参数是否合理。

2. 地勘异常情况的处理措施

（1）基槽开挖后或在施工期间，碰到异常的、未曾解决的地质问题时，应及时组织地勘、设计、委托方、专家共同商讨出现异常的原因；

（2）通过讨论，鉴定为现场情况与详细勘察不符或者属于详细勘察遗漏的情况，需要进行施工勘察；

（3）当施工勘察与详细勘察出现较大出入时，需要对基础的设计方案及上部的结构进行调整，施工方案也应进行调整；

（4）勘察单位应当参与建设工程质量事故的分析，并对因勘察原因造成的质量事故，提出相应的技术处理方案。

3. 地勘异常情况的处理流程

施工阶段地勘发现异常情况的处理流程如图 2-7 所示。

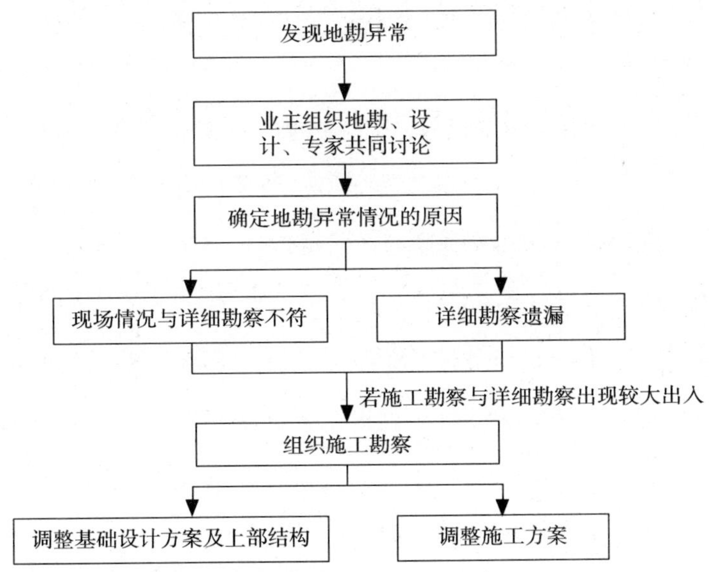

图 2-7　施工阶段地勘异常情况的处理流程

控制点四：验收地基与基础工程

1. 地基与基础工程验收应具备的条件

完成地基与基础工程设计的各项内容，同时完成以下工作：

（1）基础施工到设计±0.00 处；

（2）基础无回填土覆盖；

（3）基础及设备基础已标出轴线、中心线及标高；

（4）钢筋混凝土柱或构造柱、剪力墙已标出轴线；

（5）施工单位在地基及基础工程完工后对工程质量进行了检查，确认工程质量符合有关法律、法规和工程建设强制性标准，符合设计文件要求，并提交经项目经理和施工单位有关负责人审核签字的建设工程质量施工单位（地基与基础）报告；

（6）有完整的技术档案和施工管理资料，且满足当地建设工程质量监督管理总站质量资料归档要求；

（7）当地建设行政主管部门及其委托的建设工程质量监督站责令整改的问题全部整改完毕；

（8）监理单位对地基与基础工程进行了质量评估，具有完整的监理资料，并提出经总监理工程师和监理单位有关负责人审核签字的建设工程地基与基础验收监理评估报告；

（9）勘察、设计单位对勘察、设计文件及施工过程中由设计单位签署的设计变更通知书进行了检查，并提出经该项目勘察、设计负责人和勘察、设计单位有关负责人审核签字的地基与基础分部工程各自的质量检查报告。

2. 地基及基础工程验收的组织及参与单位

由业主负责组织地基与基础工程的验收工作，当地建设工程质量监督站对建设工程地基与基础工程验收实施监督，该工程的施工、监理、设计、勘察等单位参加。

由业主负责组织地基与基础工程验收小组。验收组由业主、勘察、设计、施工、监理单位相关人员组成。

3. 地基与基础工程验收的内容

（1）业主主持验收；

（2）施工、监理、设计、勘察单位分别汇报工程合同履约状况和在工程建设各环节执行国家法律、法规和工程建设强制性标准情况；

（3）审阅施工、监理、设计、勘察单位的工程档案资料；

（4）检验工程实物质量；

（5）验收组听取各参验单位意见，形成经验收小组人员分别签字的验收意见，并填写地基与基础质量验收证明书；

（6）验收过程中，当参与工程结构验收的业主、施工、监理、设计、勘察单位各方不能形成一致意见时，应当协商提出解决的方法，待意见一致后，重新组织工程验收。

控制点五：验收主体结构工程

1. 主体结构工程验收应具备的条件

完成主体结构工程设计的各项内容，同时完成以下工作：

（1）主体结构工程的各分项工程已施工完毕；

（2）各层已标出层高控制线；

（3）已标出排架柱、框架柱、预制柱的轴线、中心线；

（4）施工单位在主体结构工程完工后对工程质量进行了检查，确认工程质量符合有关法律、法规和工程建设强制性标准，符合设计文件要求，并提出经项目经理和施工单位有关负责人审核签字的建设工程质量施工单位（主体）报告；

（5）有完整的技术档案和施工管理资料，且满足当地建设工程质量监督管理总站质量资料归档要求；

（6）当地建设行政主管部门及其委托的建设工程质量监督站责令整改的问题全部整改完毕；

（7）监理单位对主体结构工程进行了质量评估，具有完整的监理资料，并提出经总监理工程师和监理单位有关负责人审核签字的建设工程主体结构验收监理评估报告（建筑工程部分）；

（8）勘察、设计单位对勘察、设计文件及施工过程中由设计单位签署的设计变更通知书进行了检查，并提出经该项目勘察、设计负责人和勘察、设计单位有关负责人审核签字的主体结构分部工程各自的质量检查报告。

2. 主体结构工程验收的组织与参与单位

由业主负责组织实施建设工程主体结构验收工作，委托的建设工程质量监督站对建设工程主体结构验收实施监督，该工程的施工、监理、设计、勘察等单位参加。

由业主负责组织主体结构验收小组。验收组由业主、勘察、设计、施工、监理单位相关人员组成。

3. 主体结构工程验收的主要内容

（1）由业主主持验收；

（2）施工、监理、设计、勘察单位分别汇报工程合同履约状况和在工程建设各环节执行国家法律、法规和工程建设强制性标准情况；

（3）审阅施工、监理、设计、勘察单位的工程档案资料；

（4）检验工程实物质量；

（5）验收组听取各参验单位意见，形成经验收小组人员分别签字的验收意见，并填写主体结构质量验收证明书；

（6）验收过程中，当参与工程结构验收的业主、施工、监理、设计、勘察单位各方不能形成一致意见时，应当协商提出解决的方法，待意见一致后，重新组织工程验收。

控制点六：提高地勘及设计现场服务

（1）规范合同条款，约定勘察设计现场服务的具体内容，包括：派驻人员情况、服务方式、服务时间及频率、服务响应的时间要求等；

（2）规范勘察设计现场服务的基本工作内容，确保现场配合服务工作的落实；

（3）提高勘察设计工作质量，减少现场服务。

2.5.2 地勘及设计的现场服务控制点管理依据

（1）勘察、设计合同；

（2）勘察、设计成果文件；

（3）《建设工程勘察设计管理条例》（国务院［2000］第293号）；

（4）《建设工程质量管理条例》（国务院［2000］第279号）；

（5）《岩土工程勘察规范》（GB 50021—2001）；

（6）《建设工程勘察质量管理办法》（建设部［2007］第163号）；

（7）《实施工程建设强制性标准监督规定》（建设部［2008］第81号）；

（8）《中华人民共和国建筑法》（2011年）。

2.5.3 注意事项

地勘及设计的现场服务管理的注意事项有：

（1）验槽时应重点观察柱基、墙角、承重墙下或其他受力较大部位，如果有异常部位，要会同勘察、设计等有关单位进行处理；

（2）加强沟通，及时解决施工中存在的问题。在施工过程中，设计单位应通过各种通信手段与现场施工单位进行沟通，对现场提出的技术问题和修改意见认真研究，必要时可安排专门人员到现场解决，保证现场工作顺利实施；

（3）搞好现场的工作技术支持服务。除对施工单位、监理单位、业主、委托方的技术指导、解释工作外，还要对现场各单位提出的改进意见进行分析、提出解释性意见；

(4) 地勘异常情况出现时，一定要首先明确地勘异常情况的原因，根据原因采取不同的措施；原因分析一定要经过勘察单位、设计单位、委托方和专家的共同认可；设计及施工方案需随地勘调整而及时调整；

5) 在竣工交付阶段，设计单位要协助施工单位完成对各系统工程调试方案的审核指导，做好调试方案，确保项目技术功能的落实；落实复杂工程（如医院项目）竣工报告中工程总体说明的编制；参加工程的总体验收工作。

2.6 设计交底与图纸会审的管理

设计技术交底与图纸会审是保证工程质量的重要环节，是保证工序质量的前提，也是保证工程顺利施工的主要步骤，通过设计交底和图纸会审可以使施工人员充分领会设计意图，熟悉设计内容，正确地按图施工，同时也可以有效减少图纸差错，将图纸中的隐患和问题消灭在施工之前。

2.6.1 设计交底与图纸会审控制点

控制点一：保证施工图的完整性

业主要向施工单位提供完整的施工图。设计技术交底与图纸会审工作，是设计图纸施工前的一次详细审核，各有关单位必须参加，其中包括业主、相关设计单位、监理单位、造价咨询单位、施工单位及其分包单位，以便全面了解设计意图并审查其可操作性，所有参会单位均应在图纸会审签到表上签字。

在设计交底与图纸会审之前，各有关单位包括业主、监理单位、施工单位及其分包单位必须事先指定主管该项目的工程技术人员、专业工程师熟悉图纸，进行初步审查，初步审查意见于图纸会审前至少两天送交业主汇总，之后移交设计单位。

设计技术交底与图纸会审时，设计单位需派该项目的主要设计人或了解设计情况的人员出席，对所提交的施工图纸进行有计划、有系统的技术交底。

业主应指定一家单位负责形成会审纪要底稿，在正式的会议纪要发出前，造价咨询机构应对会审中提出的设计变更所涉及的费用变化提供详尽的咨询报告，对设计变更可能引起的费用增减提出意见，以便业主最后决策是否需要变更。

会议纪要应由各单位签字确认，各单位签字确认的会议纪要分发至各有关单位，各方无异议，即被视为设计档案组成部分并予以存档。

控制点二：提供合格的设计交底

设计交底是指在施工图完成并经审查合格后，设计单位在设计文件交付施工时，在业主主持下，按法律规定的义务，向施工单位和监理单位做出详细的施工图设计文件说明，包括设计图纸的整体思路和理念标准、建筑物的功能与特点、设计意图、所采用的新技术、新工艺、新材料、新设备的要求、施工单位在施工期间应该注意的问题、需要掌握的工程关键技术要求等。目的是向施工单位和监理单位正确贯彻设计意图，使其加深对设计文件特点、难点、疑点的理解，掌握关键工程部位的质量要求，确保工程质量。

1. 设计交底主要内容有：

（1）施工图设计文件总体介绍；

（2）设计的意图说明；

（3）特殊的工艺要求；

（4）建筑、结构、工艺、设备等各专业在施工中的难点、疑点和容易发生问题的说明；

（5）设计、施工、验收应遵行的规范、标准和技术规定；

（6）与其他专业的交叉和衔接；

（7）其他应说明的问题（如经验教训等）；

（8）施工单位、监理单位、业主等对设计图纸疑问的解释等。

2. 设计交底工作重点

（1）设计单位应提交完整的施工图纸，各专业相互关联的图纸必须提供齐全、完整，施工过程中另补的新图也应进行交底和会审。

（2）设计交底由业主负责组织，设计单位向业主、监理单位、施工单位等相关参建单位进行交底。

（3）设计文件完成后，设计单位将设计图纸移交给业主，由业主分发给监理单位、施工单位和其他相关单位。

（4）在设计交底会议之前，各单位必须事先指定主管该项目的有关技术人员看图自审，初步审查本专业的图纸，并进行必要的审核和计算工作，各专业图纸之间必须相互核对，理解图纸内容。

（5）设计交底时，设计单位必须派负责该项目的主要设计人员出席，进行设计交底与图纸会审的工程图纸必须事先经业主确认，未经确认不得交付施工。

（6）凡直接涉及设备制造厂家的工程项目及施工图，应由订货单位邀请制造厂家代表到会，并请业主、监理单位与设计单位的代表一起进行技术交底，设计交底内容应形成会议纪要。

控制点三：组织各参与单位进行图纸会审

为了减少图纸中的差错、遗漏、矛盾，将图纸中的质量隐患与问题消灭在施工之前，使设计施工图纸更符合施工现场的具体要求，避免返工浪费，在施工图设计技术交底的同时，业主、监理单位、设计单位、施工单位及其他有关单位需在全面熟悉设计图纸和审查施工图纸的基础上进行图纸会审。

1. 图纸会审目的

使施工单位和各参建单位熟悉设计图纸，了解工程特点和设计意图，找出需要解决的技术难题，并制定解决方案，提出关键工程部分的质量要求；

检查技术设计中是否考虑到施工的可能性，便捷性和安全性；

检查设计中是否考虑到运行中的维修、设备更换及保养的方便性；

检查设计中是否考虑到运营的安全性、交通和运行费用的高低。

2. 图纸会审主要内容

（1）图纸是否符合设计合同的要求，图纸表达深度和设计范围能否满足施工要求；

（2）是否存在无证设计或越级设计的情况，图章、签字是否齐全，图纸是否经设计单位正式签署；

（3）勘察资料是否齐全、设计图纸与说明是否齐全；

（4）能否满足生产运行安全、经济的要求和检修、维护作业的合理需要，对现场条件是否存在特殊要求；

(5) 设计地震烈度是否符合当地要求；

(6) 各设计单位共同设计完成的图纸相互间是否存在矛盾；各专业图纸之间、平、立、剖面图之间、总平面与单体施工图的几何尺寸、平面位置、标高等是否一致、是否有错、漏、碰、缺，标注有无遗漏；

(7) 各专业之间、设备和系统施工图设计之间是否相符，如设备外形尺寸和基础尺寸，建筑物预留孔洞及埋件与安装图纸要求，设备与管线之间相互关系等；

(8) 防火、消防是否满足要求；

(9) 建筑结构与各专业图纸本身是否存在矛盾，结构图与建筑图的平面尺寸及标高是否一致，建筑图与结构图的表示方法是否清楚，是否符合制图标准，预埋件是否表示清楚，有无钢筋明细表，钢筋的构造要求在图中是否表示清楚；

(10) 监理单位及施工单位是否具备施工图中所列各种标准、图册、规范、规程等；

(11) 设计采用的新技术、新工艺、新材料、新设备是否经过鉴定与评审、应用有无问题，在施工技术、机具和物资供应上有无困难，材料来源有无保证，能否代换，图中所要求的条件能否满足；

(12) 地基处理方法是否合理，建筑与结构构造是否存在不能施工、不便于施工的技术问题，或容易导致质量、安全、工程费用增加等问题；

(13) 工艺管道、电气线路、设备装置、运输道路与建筑物之间或相互之间有无矛盾，布置是否合理；

（14）施工安全、环境卫生有无保证；

（15）施工图与设备、特殊材料的技术要求是否一致；

（16）发现并解决施工图在设计、设备和施工之间存在的问题，尤其是各专业间接口配合问题；

（17）了解和掌握设计意图、设备特点和施工注意事项，正确选择施工方案。

3. 图纸会审纪要与实施

（1）图纸会审就是设计单位对图纸中存在的问题、疑问，进行解答、回复，并形成会议纪要，涉及工程造价、结构变更等内容需要以设计变更的形式另行确认；

（2）业主应指定一家单位应将施工图会审记录整理汇总并负责形成会议纪要。经与会各方签字同意后，该纪要即被视为设计文件的组成部分，并及时分送业主、监理单位、施工单位及其他参会单位，各参与单位存档，并在施工过程中严格执行；

（3）若存在通过协商仍不能取得一致意见时，可组织专题会议讨论，并由业主对最终意见进行确认；

（4）对会审决定必须进行设计修改的图纸，由原设计单位按设计变更管理程序提出修改设计，一般性问题经监理工程师、业主审定后，交施工单位执行，重大设计修改或涉及造价费用增加的，需报委托方及上级主管部门与设计单位共同研究解决；

（5）施工单位拟施工的一切工程项目设计图纸，必须经过设计交底与图纸会审，否则不得开工，已经交底和会审的施工图，以下达会审纪要的形式作为确认。

2.6.2 设计交底与图纸会审控制点管理依据

(1) 设计合同、设计任务书等；

(2) 经批准的设计图纸；

(3)《建设工程质量管理条例》(国务院［2000］第279号)；

(4)《建设工程勘察设计管理条例》(国务院［2000］第293号)；

(5)《建筑工程设计文件编制深度规定》(建质［2008］第216号)；

(6)《中华人民共和国建筑法》(2011年)。

2.6.3 设计交底与图纸会审控制点管理程序

施工图设计技术交底与图纸会审流程如图2-8所示。

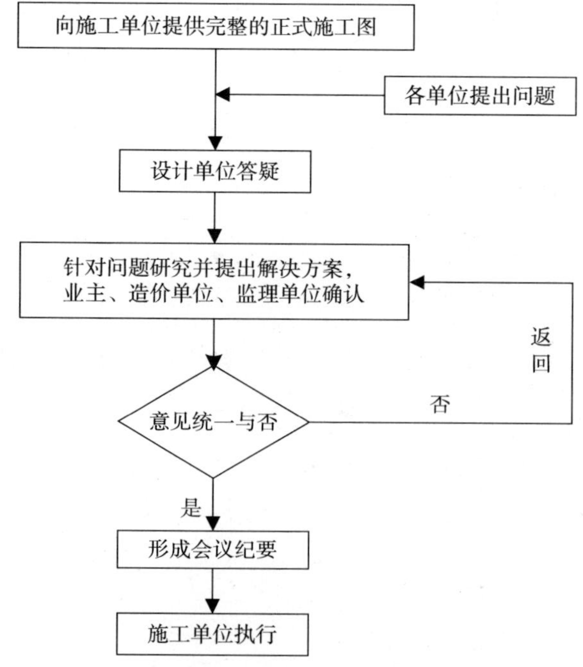

图2-8 施工图设计技术交底与图纸会审流程图

2.6.4 注意事项

设计交底与图纸会审管理需注意以下问题：

(1) 设计技术交底与图纸会审工作，业主、监理单位、施工单位及其分包单位、造价咨询单位必须参加，以便全面了解设计意图并审查其可操作性；

(2) 涉及会议纪要发生的变更，需要造价咨询单位提出咨询意见，由业主确认是否发生该变更后，会议纪要方可发出。

(3) 各参加单位需要在已整理好的图纸会审纪要上签字确认并各自存档。

第3章　招投标阶段的工程造价控制

在建设项目招投标阶段，不仅要选择和确定承包商，还要选择和确定采用的合同类型以及计价方式等。不论是承包商还是合同类型和计价方式，都会对建设项目的施工阶段产生重要影响。选择使用恰当的合同类型和计价方式，可以减少合同过程中的纠纷，合理规避风险。在工程量清单报价模式下，做好招投标工作显得尤为重要。

3.1　招标策划工作的控制点研究

招标工作质量的高低，直接影响甚至决定建设工程项目管理目标能否实现，能否达到工程项目投资、进度、质量目标控制要求。招标策划正是招标工作质量高低的决定性因素，因此，招标策划工作非常重要，是招标前的关键阶段，其质量的高低对合同实施有决定性意义。

招标策划工作内容包括：强制招标和可以不招标情形的区分、招标条件的审查、招标方式的确定、招标组织形式的确定、标段划分、招标时间安排、合同策略制定等。充分做好这些工作过程的规划、计划、组织、控制的研究分析，并采取有针对性的预防措施，减少招标工作实施过程中的失误和被动局面，招标工作质量才能得到保证。

控制点一：招标方式的选择

招标方式分为公开招标和邀请招标两种方式。自 2000 年 1 月 1 日起，议标确定承包人的方式已被取消。

1. 公开招标的概念

公开招标又称无限竞争性招标，是指招标人以招标公告的方式邀请不特定的法人或者其他组织投标。

2. 应当进行公开招标的情形

国有资金占控股或者主导地位的依法必须进行招标的项目，应当公开招标。

3. 邀请招标的概念

邀请招标又称有限竞争性招标，是指招标人以投标邀请书的方式邀请特定的法人或其他组织投标。

4. 可以进行邀请招标的情形

有下列情形之一的，可以进行邀请招标：

（1）国有资金未占控股或者主导地位的依法必须进行招标的项目；

（2）国有资金占控股或者主导地位的依法必须进行招标的项目，有下列情形之一的：

①技术复杂、有特殊要求或者受自然环境限制，只有少量潜在投标人可供选择；

②采用公开招标方式的费用占项目合同金额的比例过大。

5. 招标方式的确定

按照我国现行法律法规的规定，招标方式的确定分为招标人自行确定和审批部门审批、核准两种方式。

不属于依法必须招标的项目，招标人自愿采取招标确定承包人的，招标方式可由招标人自行确定。

按照国家有关规定不需要履行项目审批、核准手续的依法必须进行招标的项目，招标方式可由招标人自行确定。

按照国家有关规定需要履行项目审批、核准手续的依法必须进行招标的项目，其招标范围、招标方式、招标组织形式应当报项目审批、核准部门审批、核准。

国家重点建设项目的邀请招标，应当经国务院发展计划部门批准；地方重点建设项目的邀请招标，应当经各省、自治区、直辖市人民政府批准。

全部使用国有资金投资或者国有资金投资占控股或者主导地位的并需要审批的工程建设项目的邀请招标，应当经项目审批部门批准，但项目审批部门只审批立项的，由有关行政监督部门批准。

控制点二：区分强制招标和可以不招标情形

按照是否必须通过招标方式选择承包人（供应商），可以将招标分为强制性招标（依法必须招标）和非强制性招标（自愿招标）。按照我国现行法律法规的规定，依法必须进行招标的工程建设项目的具体范围和规模标准，由国务院发展改革部门会同国务院有关部门制定，报国务院批准后公布施行，其他任何部门无权扩大或缩小依法必须招标的范围和规模标准。

1. 依法必须进行招标的工程建设项目的具体范围

《中华人民共和国招标法》第三条规定：在中华人民共和国境内进行下列工程建设项目包括项目的勘察、设计、施工、监理以及与工程建设有关的重要设备、材料等的采购，必须进行招标。根据《工程建设项目招标范围和规模标准规定》（国家发展计划委员会［2000］第 3 号令），必须招标的如表 3-1 所示。

表 3-1　　必须招标的项目

项目类别	具体规定
关系社会公共利益、公众安全的基础设施项目	1. 煤炭、石油、天然气、电力、新能源等能源项目； 2. 铁路、公路、水运、航空以及其他交通运输业等交通运输项目； 3. 邮政、电信枢纽、通信、信息网络等邮电通讯项目； 4. 防洪、灌溉、排涝、引（供）水、滩涂治理、水土保持、水利枢纽等水利项目； 5. 道路、桥梁、地铁和轻轨交通、污水排放及处理、垃圾处理、地下管道、公共停车场等城市设施项目； 6. 生态环境保护项目； 7. 其他基础设施项目
关系社会公共利益、公众安全的公用事业项目	1. 供水、供电、供气、供热等市政工程项目； 2. 科技、教育、文化等项目； 3. 体育、旅游等项目； 4. 卫生、社会福利等项目； 5. 商品住宅，包括经济适用住房； 6. 其他公用事业项目。
使用国有资金投资项目	1. 使用各级财政预算资金的项目； 2. 使用纳入财政管理的各种政府性专项建设基金的项目； 3. 使用国有企业事业单位自有资金，并且国有资产投资者实际拥有控制权的项目
国家融资项目	1. 使用各级财政预算资金的项目； 2. 使用纳入财政管理的各种政府性专项建设基金的项目； 3. 使用国有企业事业单位自有资金，并且国有资产投资者实际拥有控制权的项目
使用国际组织或者外国政府资金的项目	1. 使用世界银行、亚洲开发银行等国际组织贷款资金的项目； 2. 使用外国政府及其机构贷款资金的项目； 3. 使用国际组织或者外国政府援助资金的项目

2. 依法必须进行招标的工程建设项目的规模标准

《中华人民共和国投标法》规定范围内的各类工程建设项目，包括项目的勘察、设计、施工、监理以及与工程建设有关的重要设备、材料等的采购，达到下列标准之一的，必须进行招标：

（1）施工单项合同估算价在200万元人民币以上的；

（2）重要设备、材料等货物的采购，单项合同估算价在100万元人民币以上的；

（3）勘察、设计、监理等服务的采购，单项合同估算价在50万元人民币以上的；

（4）单项合同估算价低于《中华人民共和国投标法》第（1）、（2）、（3）项规定的标准，但项目总投资额在3000万元人民币以上的。

3. 暂估价的招标

需要特别强调的是，以暂估价形式包括在总承包范围内的工程、货物、服务属于依法必须进行招标的项目范围且达到国家规定规模标准的，应当依法进行招标。

上述所称暂估价，是指总承包招标时不能确定价格而由招标人在招标文件中暂时估定的工程、货物、服务的金额。

4. 可以不进行招标的情形

依据现行招标法及其条例的规定，依法必须招标的项目有下列情形之一的，可以不进行招标：

（1）涉及国家安全、国家秘密、抢险救灾或者属于利用扶贫资金实行以工代赈、需要使用农民工等特殊情况，不适宜进行招标的项目；

（2）需要采用不可替代的专利或者专有技术；

（3）采购人依法能够自行建设、生产或者提供；

（4）已通过招标方式选定的特许经营项目投资人依法能够自行建设、生产或者提供；

（5）需要向原中标人采购工程、货物或者服务，否则将影响施工或者功能配套要求；

（6）国家规定的其他特殊情形。

理解可以不招标的情形应注意以下问题：

需要采用不可替代的专利或者专有技术：关键看所需要的专利或者专有技术是否具有唯一不可替代性，如果是可替代的，则不适用此种情形。

采购人依法能够自行建设、生产或者提供：第一、仅限于采购人自身，不包括采购人的母（子）公司、分公司、投资股东以及具有管理或利害关系的其他单位。第二、采购人自己要求自行建设、生产或者提供，如采购人自愿通过招标选择承包人不在此列。第三、采购人根据有关法律法规和规定，自身具有项目建设、生产或者提供所需要的资格能力，并必须遵守相关法律法规及其监督管理规定。其中，采购人不能同时承担按照有关规定必须由第三方主体承担的工作（如监理）。

已通过招标方式选定的特许经营项目投资人依法能够自行建设、生产或者提供：第一、特许经营项目投资人必须是通过招标方式确定的。第二、项目中标的投资人（不是投资人组建的项目法人，这是与上述第三项限定采购人的主要区别）必须具备法律法规规定和项目所需要的资格、能力条件。

需要向原中标人采购工程、货物或者服务，否则将影响施工或者功能配套要求：第一、原项目是通过招标确定了中标人，因客观原因必须向原中标人追加采购工程、货物或者服务。如果原项目合同没有通过招标确定承包人或供应商的，应视具体情况区别对待。第二、如果不向项目原中标人追加采购，必将影响项目施工或者功能配套要求。第三、原项目中标人必须具有继续履行合同的能力。如果是原中标人破产、违约、涉案等造成终止或无法继续履行合同的，应按规定重新组织招标选择原有合同和新增内容的中标人。第四、应防止利用此条规定规避招标，如违反程序建设造成后继工程无法招标、以行业垄断作为配套理由等。

技术复杂、有特殊要求或者受自然环境限制，只有少量潜在投标人可供选择；采用公开招标方式的费用占项目合同金额的比例过大继而采取邀请招标的方式时需注意：

上述第一种情形落脚点在于“只有少量潜在投标人可供选择”，而且要有充分的证明材料证明，不是招标人主观认为。

上述第二种情形的“比例过大”，如属于按照国家有关规定需要履行项目审批、核准手续的依法必须进行招标的项目，则由项目审批、核准部门在审批、核准项目时做出认定；其他项目由招标人申请有关行政监督部门做出认定。此种情形的规定充分体现了招投标活动是经济活动的属性。

控制点三：确定招标组织形式

招标组织形式分为自行招标和委托招标代理机构代理招标两种组织形式。

1. 自行招标

招标人具有编制招标文件和组织评标能力的，可以自行办理招标事宜。任何单位和个人不得强制其委托招标代理机构办理招标事宜。

具有编制招标文件和组织评标能力，是指招标人具有与招标项目规模和复杂程度相适应的技术、经济等方面的专业人员。具体标准可按以下条件进行考查：

（1）具有与招标项目规模和复杂程度相适应的工程技术、概预算、财务和工程管理等方面专业技术力量；

（2）具有从事同类工程建设项目招标的经验；

（3）具有专门的招标机构或者拥有 3 名以上招标专职技术人员。

依法必须进行招标的项目，招标人自行办理招标事宜的，应当向有关行政监督部门备案。

2. 委托招标

招标人不具备自行招标能力的，应选择具有相应资质的招标代理机构，委托其办理招标事宜，依法开展招标投标活动。

招标代理机构在其资格许可和招标人委托的范围内开展招标代理业务，任何单位和个人不得非法干涉。

招标代理机构代理招标业务，应当遵守招标投标法和本条例关于招标人的规定。

招标人应当与被委托的招标代理机构签订书面委托合同，合同约定的收费标准应当符合国家有关规定。

3. 招标组织形式的确定

按照国家有关规定需要履行项目审批、核准手续的依法必须进行招标的项目，其招标范围、招标方式、招标组织形式应当报项目审批、核准部门审批、核准，而不能自行确定。

控制点四：标段划分

1. 标段划分的法律规定

《招标法》第九条规定：招标项目需要划分标段、确定工期的，招标人应当合理划分标段、确定工期，并在招标文件中载明。

《招标法实施条例》第二十四条规定：招标人对招标项目划分标段的，应当遵守招标投标法的有关规定，不得利用划分标段限制或者排斥潜在投标人。依法必须进行招标的项目的招标人不得利用划分标段规避招标。

2. 标段划分的基本原则

划分标段应遵循的基本原则：合法合规、责任明确、经济高效、客观务实、便于操作。

(1) 合法合规

合法合规是划分标段的首要原则，否则会给招标人带来法律风险。

不得利用划分标段限制或者排斥潜在投标人。避免标段划分过少，标段规模过大、资质过高而排斥竞争。

依法必须进行招标的项目的招标人不得利用划分标段规避招标。避免将标段划分过多，使每一标段均达不到依法必须招标的规模标准而规避招标。标段的划分要有利于管理，有利于工艺衔接，避免因标段过多而发生大量的技术上的协调和责任扯皮。

(2) 责任明确

标段是构成建设合同的标的。如果承包商在履行合同中，其责任与招标人或其他承包商的责任犬牙交错难以分离，是无法客观确定承包商的应尽义务和应有权利的，因此，责任明确是划分标段的重要原则，包括质量责任明确，成本责任明确，工期责任明确，环保责任明确，知识产权责任明确，安全责任明确等，其中质量、成本、工期是承包商的基本责任，承包商的上述基本职责在一个标段中能够被明确地认定，是划分标段正确与否的基本判定依据。

（3）经济高效

标段划分得愈细，招标人对工程的直接控制权愈大，并且在大多数的情况下，招标人可以通过对价格竞争最大化的手段更经济地发包工程。然而各个标段工程间的协调也愈难，协调风险相应愈大。同时，承包商的责任相对愈难以确定，所以标段细分比较容易取得相对经济的发包价格，然而不易取得工程建设的高效率；采用设计施工并总承包的标段划分方法则较容易取得工程建设的高效率，但价格较高。所谓标段划分中的经济高效原则，就是指的要根据工程特点的自身条件平衡经济与高效的关系，找到一个最佳的标段划分方案，以合理地实施建设工程，实现效率与经济的统一。

（4）客观务实

客观务实指的是一切从实际出发，标段的划分要充分考虑到被划分工程的特殊性，包括潜在的竞标对象的具体情况，建设方的财力和管理能力等一切客观的相关因素，从中找出决定标段划分方式的主要因素。只有努力尽可能地做到主观设想符合客观的实际情况。这种设想才可能达到预期的目标，因此客观务实是划分工程标段的一项基本原则，应该贯穿于划分工程标段的全过程。

（5）便于操作

包括招标的可操作性，即划分后的标段在市场上有一定的竞标对象，可以形成合理的价格竞争；建设方管理的可操作性，即建设方有相应的力量或能委托有资质的咨询工程师协调好各个标段承包商之间在工程界面及质量、工期、成本、安全、环保等方面的搭接关系；建设方确定招标控制价的可操作性，即在设计图纸尚未具备的情况下，建设方有能力和有客观条件确定合理的招标控制价，以控制工程的造价，以及使用知识产权方面的可操作性，资金供应上的可操作性等。一般以单位工程为划分标段的最小单位，避免因工序划分而引起责任划分不清。

3. 影响标段划分的因素

建设方可以把设计施工合并为一个标段；也可以把设计、施工划分为两个标段；还可以把设计划分为数个标段，如勘察、设计各为一个标段，把施工划分为若干标段，如把主体工程划为一个标段，配套工程按专业划分为相应的标段。影响上述工程标段划分的主要因素为：

（1）工程的资金来源。如果建设工程的资金通过向承包商融资的方式解决，例如BOT项目。这类项目宜采取把设计施工合并为一个标段的形式，并采用EPCT合同形式。

（2）工程的性质。一般来说，建设方能够准确全面地提出规模、功能、技术要求的项目，可以采用把设计施工合并为一个标段的形式，不具备上述条件的，宜采用设计、施工分别划分为不同标段的形式进行招标。

（3）工程的技术要求。凡对工程的各个部分都没有特殊的技术要求且不涉及专利等知识产权的项目，施工宜不分标段发包给一个总承包商。只有对工程的特定部分（包括生产设备、配套设施）有特别要求的项目或工程的特定部分涉及专利、专有技术等知识产权的项目，可以采用把这些部分单独划分标段招标的方式满足对这部分工程的特殊要求，然而也要在合同条款中特别明确承包商之间的责任范围。

（4）对工程造价的期望。如果建设方希望以固定总价的方式锁定工程的造价风险，宜采用把设计和施工合并为一个标段，在承包商同时负责设计的情况下，设计变更并不能构成其增加工程价格的理由，只有由建设方提起的变更才可调整工程价格，这样就具备了采用固定总价的基本条件。如果建设方希望按实际发生的工程量支付工程价格，宜采用把设计和施工划分为两个标段的方法。任何设计的变更都构成调整工程施工价款的依据。

（5）对工期的期望。如果建设方希望控制工期风险，宜采取把设计和施工并为一个标段的形式。在承包商同时负责设计的情况下，设计变更不能成为其延长工期的理由，因而合同工期相对于单纯施工合同有更大的确定性，同时总承包商集设计和施工责任于一身，也更有利于其控制工期。

（6）对质量的期望。如果建设方希望对工程的质量责任有较大的确定性，拟采用把设计和施工合并为一个标段的标段划分方式，因为承包商同时负责设计，对工程的质量责任没有推托的余地，同时，建设方也可以通过明确工程功能指标的方式确保承包方对工程运行指标负有完全的责任。如果建设方对设计单位有特殊的要求，以确保工程的质量，拟采用把设计和施工划分为两个标段的做法由建设方直接决定设计单位。

（7）资金的充裕程度。如果建设方的资金相对充裕，而且现金的供应链不会断裂，可采取把设计与施工合并为一个标段的做法，因为一般情况下总承包商的责任越大，其要价会相应提高，而且一旦总合同生效，建设方的付款义务是不容断裂的。如果建设方的资金较为紧张，或现金的供应有中断的可能，需进行阶段性的筹资，拟采取设计与施工分为两个标段的做法，这样，施工部分的招标可与建设方资金实际到位的情况相匹配。

以上是通用的影响标段划分形成的因素，不同的工程还有其特殊的因素，就是上述通用的因素，应用到具体的工程中，各个因素应予以考虑的权重也是各不相同的，只有充分遵循上述标段划分的原则，才能客观地评价和平衡以上影响标段划分的因素，以达到合理划分工程标段的目的。

控制点五：合同计价方式的选择

伴随着2008版《建设工程工程量清单计价规范》（以下简称08版《清单计价规范》）的实施，以及2010年《建设工程施工发包与承包计价管理办法》的推出，可调价合同被逐步弱化，单价合同和总价合同成为趋势，在此基础上13版《清单计价规范》强化了对于合同计价方式的分类原则，在第8章工程计量中，在08版《清单计价规范》关于计量规定的基础上规定了单价合同的计量规则，并增加了总价合同计量规定，并增加了成本加酬金合同的定义单价合同、总价合同的主要区别如表3-2所示：

表3-2　　　　单价合同与总价合同对比

合同类型 对比项目	单价合同	总价合同
定义	发承包双方约定以工程量清单及其综合单价进行合同价款计算、调整和确认的建设工程施工合同	发承包双方约定以施工图及其预算和有关条件进行合同价款计算、调整和确认的建设工程施工合同

续表

合同类型 对比项目	单价合同	总价合同
特点	工程价款结算时按照合同中约定应予以计量并实际完成的工程量计算进行调整	工程量以合同图纸的标示内容为准，工程量以外的其他内容一般均赋予合同约束力，以方便合同变更的计量和计价
优点（对发包人而言）	有利于风险合理分担，由招标人提供统一的工程量清单彰显了工程量清单计价的主要优点	有利于控制变更、索赔、不平衡报价等的产生，业主管理成本较低； 在签订合同的同时，就签订了工程造价，便于资金筹措
缺点（对发包人而言）	（1）易导致不平衡报价的产生 （2）承包人只会努力减少自身成本，而没有动力去为业主节约投资。即承包人不关心项目范围和内容的优化，甚至提出一些损害业主利益的扩大工程范围的建议	不利于风险的合理分担。承包人报价时可能会加入很多风险费用，不利于业主得到最有利的报价
适用项目	适用于设计深度不够、工期较长、施工难度较大的项目。一般国际工程中，大多以初步设计文件招标的工程采用	适用于规模不大、工序相对成熟、工期较短、有充足准备时间、施工图纸完备的工程施工项目

根据工程量清单计价的特点，13 版《清单计价规范》第 7.1.3 条规定，实行工程量清单计价的工程，应采用单价合同。建设规模较小，技术难度较低，工期较短，且施工图设计已审查批准的建设工程可以采用总价合同；紧急抢险、救灾以及施工技术特别复杂的建设工程可以采用成本加酬金合同。

一般认为，工程量清单计价是以工程量清单作为投标人投标报价和合同协议书签订时合同价格的唯一载体，在合同协议书签订时，经标价的工程量清单的全部或者绝大部分内容被赋予合同约束力。

工程量清单计价的适用性不受合同形式的影响。实践中常见的单价合同和总价合同两种主要合同形式，均可以采用工程量清单计价，区别仅在于工程量清单中所填写的工程量的合同约束力。采用单价合同形式时，工程量清单是合同文件必不可少的组成内容，其中的工程量一般具备合同约束力（量可调），工程款结算时按照合同中约定应予计量并实际完成的工程量计算进行调整，由招标人提供统一的工程量清单则彰显了工程量清单计价的主要优点。而对总价合同形式，其价格根据确定的由承包人实施的全部任务，按承包人在投标报价中提出的总价确定，另外实施的工程性质和工程量应事先明确商定。

此外，按照财政部、建设部印发的《建设工程价款结算暂行办法》（财建［2004］第369号）第八条的规定："合同工期较短且工程合同总价较低的工程，可以采用固定总价合同方式"。实践中，对此如何具体界定还需做出规定，如有的省就规定工期半年以内，工程施工合同总价200万元以内，施工图纸已经审查完备的工程施工发承包可以采用总价合同。

控制点六：招标工程量清单的编制

根据《建设工程工程量清单计价规范》（GB 50500—2013）第4.1条的相关规定，招标工程量清单必须作为投标文件的组成部分，其准确性和完整性应由招标人负责；招标工程量清单是工程量清单计价的基础，应作为编制招标控制价、投标报价、计算或调整工程量、索赔等的依据之一。

1. 依据

根据《建设工程工程量清单计价规范》（GB 50500—2013）的相关要求，工程量清单编制应依据：

（1）《建设工程工程量清单计价规范》（GB 50500—2013）；

（2）国家或省级、行业建设主管部门颁发的计价依据和办法；

（3）建设工程设计文件；

（4）与建设工程项目有关的标准、规范、技术资料；

（5）招标文件及其补充通知、答疑纪要；

（6）施工现场情况、工程特点及常规施工方案；

（7）其他相关资料。

2. 内容（表 3-3）

工程量清单编制内容主要包括分部分项工程量清单的编制、措施项目清单的编制、其他项目清单的编制和规费、税金项目清单的编制。

表 3-3　　　　工程量清单的编制内容

清单名称	含　义	内　容
分部分项工程量清单	拟建工程分项实体工程项目名称和相应数量的明细清单	项目编码、项目名称、项目特征、计量单位和工程量
措施项目清单	为完成工程项目施工，发生于该工程施工前和施工过程中技术、生活、文明和安全等方面的非实体项目清单	总价措施项目、单价措施项目
其他项目清单	除分部分项工程量清单、措施项目清单所包含的内容外，因招标人的特殊要求而发生的与拟建工程有关的其他费用项目和相应数量的清单	暂列金额、暂估价、计日工和总承包服务费

续表

清单名称	含　义	内　容
规费、税金项目清单	——	社会保险费（包括养老保险费、失业保险费、医疗保险费、工伤保险费、生育保险费）住房公积金、工程排污费
		营业税、城市维护建设税、教育费附加、地方教育附加

3. 程序

依据《建设工程工程量清单计价规范》（GB 50500—2013）和《建设项目全过程造价咨询规程（CECA/GC4—2009）》实施手册，工程量清单咨询工作可分为施工组织设计编制、分部分项工程量清单的编制、措施项目清单的编制、其他项目清单的编制及规费、税金项目清单的编制五个环节。其中，分部分项工程量清单编制包括列示规范中所需的项目、增加或修改清单项目、分部分项工程量计算三个环节；措施项目清单编制包括常规施工组织设计的编制、措施项目列项、增加或修改措施项目、措施项目工程量计算三个环节；其他项目清单的编制包括暂列金额清单编制、暂估价清单编制、计日工清单编制和总承包服务费清单的编制四个环节；规费和税金项目清单的编制包括规费项目清单编制和税金清单编制两个环节，具体的编制流程如图 3-1 所示。

4. 方法

1）工程量清单封面及总说明的编制

（1）工程量清单封面的编制

工程量清单封面按《建设工程工程量清单计价规范》（GB

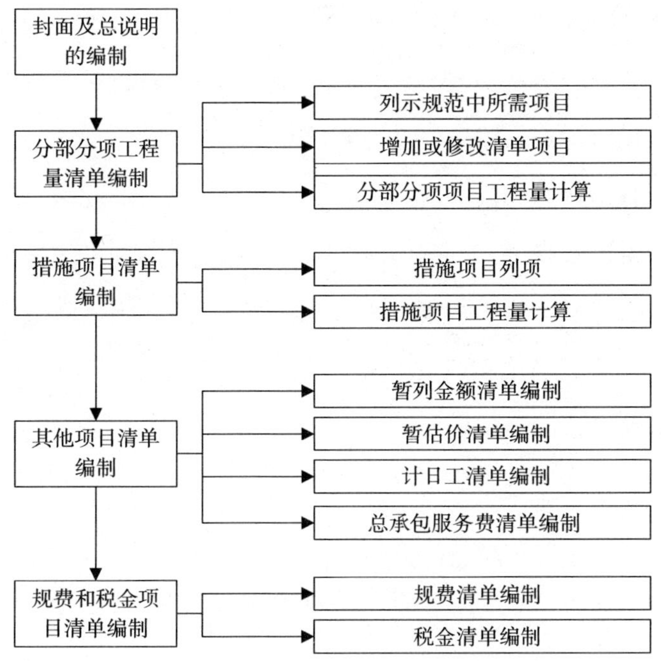

图 3-1　工程量清单的编制程序

50500—2013）规定的封面填写，招标人及法定代表人应盖章，造价咨询人应盖单位资质章及法人代表章，编制人应盖造价人员资质章并签字，复核人应盖注册造价师资格章并签字。

（2）工程量清单总说明的编制

在编制工程量清单总说明时应包括以下内容：

①工程概况

工程概况中要对建设规模、工程特征、计划工期、施工现场实际情况自然地理条件、环境保护要求等做出描述。

其中建设规模是指建筑面积；工程特征应说明基础及结构类型、建筑层数、高度、门窗类型及各部位装饰、装修做法；计划工期是指按工期定额计算的施工天数；施工现场实际情况是指施工场地的地表状况；自然地理条件，是指建筑场地所处地理位置的气候及交通运输条件；环境保护要求，是针对施工噪声及材料运输可能对周围环境造成的影响和污染，提出的防护要求。

②工程招标及分包范围

招标范围是指单位工程的招标范围，如建筑工程招标范围为“全部建筑工程”，装饰装修工程招标范围为“全部装饰装修工程”等。工程分包是指特殊工程项目的分包，如招标人自行采购安装“铝合金门窗”等。

③工程量清单编制依据

包括招标文件、《建设工程工程量清单计价规范》（GB 50500—2013）、施工设计图（包括配套的标准图集）文件、施工组织设计文件等。

④工程质量、材料、施工等的特殊要求

工程质量的要求，是指招标人要求拟建工程的质量应达到合格或优良标准；对材料的要求，是指招标人根据工程的重要性、使用功能及装饰装修标准提出，诸如对水泥的品牌、钢材的生产厂家、大理石（花岗石）的出产地、品牌等的要求；施工要求，一般是指建设项目中对单项工程的施工顺序等的要求。

⑤其他

工程中如果有部分材料由招标人自行采购，应将所采购材料的名称、规格型号、数量予以说明。应说明暂列金额及自行采购材料的金额及其他需要说明的事项。

2）分部分项工程量清单的编制

（1）列示规范中所需项目

工程量清单编制人员在详细查阅图纸，熟悉项目的整体情况后，根据《建设工程工程量清单计价规范》（GB 50500—2013）进行列项，不需要进行修改，分部分项工程项目列项工作分别如下所示。

①项目编码

分部分项工程量清单项目编码以五级编码设置，用 12 位阿拉伯数字表示，1—9 位应按照《建设工程工程量清单计价规范》（GB 50500—2013）附录规定设置，10—12 位应根据拟建工程的工程量清单项目名称设置，同一招标工程的项目编码不得有重码。项目编码结构如图 3-2 所示（以安装工程为例）：

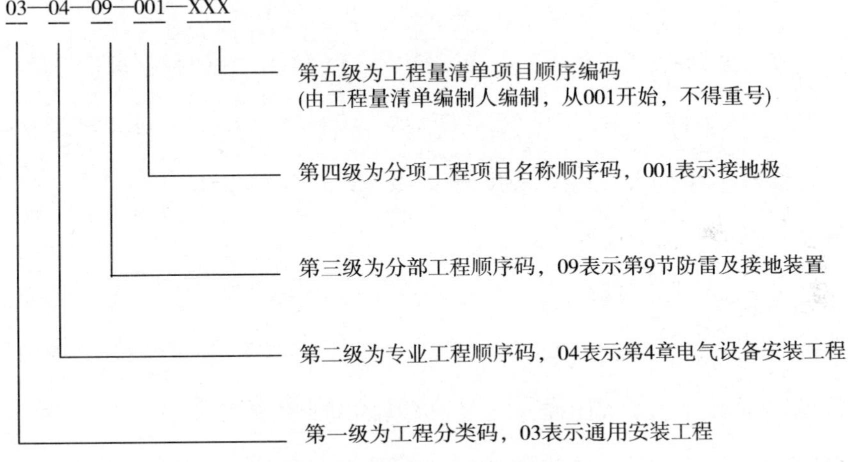

图 3-2 工程量清单项目编码结构

②项目名称

分部分项工程量清单的项目名称应按《建设工程工程量清单计价规范》（GB 50500—2013）附录的项目名称结合拟建工程的实际确定。

在分部分项工程量清单中所列出的项目，应是在单位工程的施工过程中以其本身构成这个单位工程实体的分项工程，这些分项工程项目名称的列出又分为以下情况：

在拟建工程的施工图纸中有体现，并且《建设工程工程量清单计价规范》中也有相对应的项目。对于这种情况就可以根据对应的《清单计价规范》中的规定直接列项，计算工程量，确定项目编码等。例如：某拟建工程的一砖半黏土砖外墙这个分项工程，在《房屋建筑与装饰工程工程量计算规范》（GB 50854—2013）及对应的项目为“实体砖墙”。因此，在清单编制时就可以直接列出“370 砖外墙”这一项，并依据《清单计价规范》中的规定计算工程量，确定其项目编码。

在拟建工程的施工图纸中有体现，在《建设工程工程量清单计价规范》（GB 50500—2013）附录中没有相对应的项目，并且在附录项目的“项目特征”或“工程内容”中也没有提示，对于这种情况必须编制针对这些分项工程的补充项目，在清单中单独列项并在清单的编制说明中注明。

清单项目的表现形式是由主体项目和辅助项目构成，主体项目即《建设工程工程量清单计价规范》（GB 50500—2013）中的项目名称，辅助项目即《建设工程工程量清单计价规范》（GB 50500—2013）中的工程内容。对比图纸内容，确定什么是主体清单项目，什么是工程内容。

编制工程量清单出现未包括的项目，编制人应作补充，并报省级或行业工程造价管理机构备案，省级或行业工程造价管理机构应汇总报住房和城乡建设部标准定额研究所。补充项目的编码由附录的顺序码与 B 和三位阿拉伯数字组成，并应从×B001 起顺序编制，不得重号。工程量清单中需附有补充项目的名称、项目特征、计量单位、工程量计算规则、工作内容。

③项目特征描述

项目特征是对项目的准确描述，是确定一个清单项目综合单价不可缺少的重要依据，是区分清单项目的依据，是履行合同义务的基础。分部分项工程量清单特征描述应根据《建设工程工程量清单计价规范》（GB 50500—2013）附录中规定的项目特征并结合拟建工程的实际情况进行描述。具体可以分为必须描述的内容、可不描述的内容、可不详细描述的内容、规定多个计量单位的描述、规范没有要求但又必须描述的内容几类。具体说明如表 3-4 所示。

表 3-4　　项目特征描述规则

描述类型	内　容	示　例
必须描述的内容	涉及正确计量的内容	门窗洞口尺寸或框外围尺寸
	涉及结构要求的内容	混凝土构件的混凝土的强度等级
	涉及材质要求的内容	油漆的品种、管材的材质等
	涉及安装方式的内容	管道工程中的钢管的连接方式
可不描述的内容	对计量计价没有实质影响的内容	现浇混凝土柱的高度、断面大小等特征
	应由投标人根据施工方案确定的内容	石方的预裂爆破的单孔深度及装药量的特征规定
	应由投标人根据当地材料和施工要求的内容	混凝土构件中的混凝土拌合料使用的石子种类及粒径、砂的种类的特征规定
	应由施工措施解决的内容	对现浇混凝土板、梁的标高的特征规定

续表

描述类型	内　　容	示　　　例
可不详细描述的内容	无法准确描述的的内容	土壤类别，可考虑将土壤类别描述为综合，注明由投标人根据地勘资料自行确定土壤类别，决定报价
	施工图纸、标准图集标注明确的内容	这些项目可描述为见××图集××页号及节点大样等
	清单编制人在项目特征描述中应注明由投标人自定的内容	土方工程中的“取土运距”、“弃土运距”等

④计量单位

除各专业另有规定外，计量单位应采用基本单位，除各专业另有特殊规定外均按以下单位计量：

a. 以质量计算的项目——吨或千克（t或kg）；

b. 以体积计算的项目——立方米（m^3）；

c. 以面积计算的项目——平方米（m^2）；

d. 以长度计算的项目——米（m）；

e. 以自然计量单位计算的项目——个、套、块、樘、组、台……

f. 没有具体数量的项目——宗、项……

各专业有特殊计量单位的，应当另外加以说明，当计量单位有两个或两个以上时，应根据所编工程量清单项目的特征要求，选择最适宜表现该项目特征并方便计量的单位。

计量单位的有效位数应遵守下列规定：

a. 以“吨”为单位，应保留三位小数，第四位小数四舍五入；

b. 以“立方米”、“平方米”、“米”、“千克”为单位，应保留两位小数，第三位小数四舍五入；

c. 以“个”、“项”等为单位，应取整数。

《清单计价规范》附录中有两个或两个以上计量单位的，应结合拟建工程项目的实际选择其中一个确定。

（2）增加或修改清单项目

由于工程项目的多样性，规范的清单项目无法包括图纸全部的清单项，招标项目中存在《建设工程工程量清单计价规范》（GB 50500—2013）中未能完全涵盖的工程内容时，需要编制补充清单。一般情况都需根据具体情况增加一些规范以外的清单项。如改扩建建设工程，增加的清单项目主要根据以往类似项目的技术规范或者个人经验进行。

当《清单计价规范》中没有图纸中项目对应的项目时，应相应增加需要的清单项目，项目增加时应在相应的章、节目录下进行，不得随意增减，所以工程量清单编制人员应熟悉清单项目，以便准确地对清单项目进行增减。

若图纸中包含的内容，规范中没有对应的项，需要补充列项；或者图纸中包含的内容规范中有对应项，但需要修改的，需要修改列项。对于此部分内容，标底编制人员可先进行梳理，然后进行进一步的补充和修改，做到清单项的不重不漏。

（3）分部分项工程量计算

工程量主要通过工程量计算规则计算得到。工程量计算规则是指对清单项目工程量的计算规定。《建设工程工程量清单计价规范》（GB 50500—2013）中，计量单位均为基本计量单位，不得使用扩大单位（如100m、10t），这一点与传统的定额计价模式有很大区别。《建设工程工程量清单计价规范》（GB 50500—2013）的工程量计算规则与消耗量定额的工程量计算规则有着原则上的区别：《建设工程工程量清单计价规范》（GB 50500—2013）的计量原则是以实体安装就位的净尺寸计算，而消耗量定额的工程量计算是在净值的基础上，加上施工操作（或定额）规定的预留量，这个量随施工方法、措施的不同而变化。因此，清单项目的工程量计算应严格按照规范规定的工程量计算规则，不能同消耗量定额的工程量规则相混淆。

另外，对补充项的工程量计算规则必须符合下述原则：①工程量计算规则要具有可计算性，不可出现类似于“竣工体积”、“实铺面积”等不可计算的规则；②计算结果要具有唯一性。

3）措施项目清单的编制

（1）措施项目列项

措施项目清单应根据拟建工程的实际情况按照《建设工程工程量清单计价规范》（GB 50500—2013）进行列项。若出现清单规范中未列的项目，可根据工程实际情况进行补充。按照《建设工程工程量清单计价规范》（GB 50500—2013）中的对措施项目进行分类，即将措施费分为以单价计价的措施项目和以总价计价的措施项目。

单价计价的措施费包括：垂直运输、超高施工增加、大型机械设备进出场及安拆费、施工排水降水、混凝土模板及支架（撑）、脚手架工程；总价措施项目清单中的措施费项目有：安全文明施工（含环境保护、文明施工、安全施工、临时设施）、夜间施工、非夜间施工照明、二次搬运费、冬雨季施工、地上、地下设施、建筑物的临时保护设施、已完工程及设备保护等，如图3-3所示。

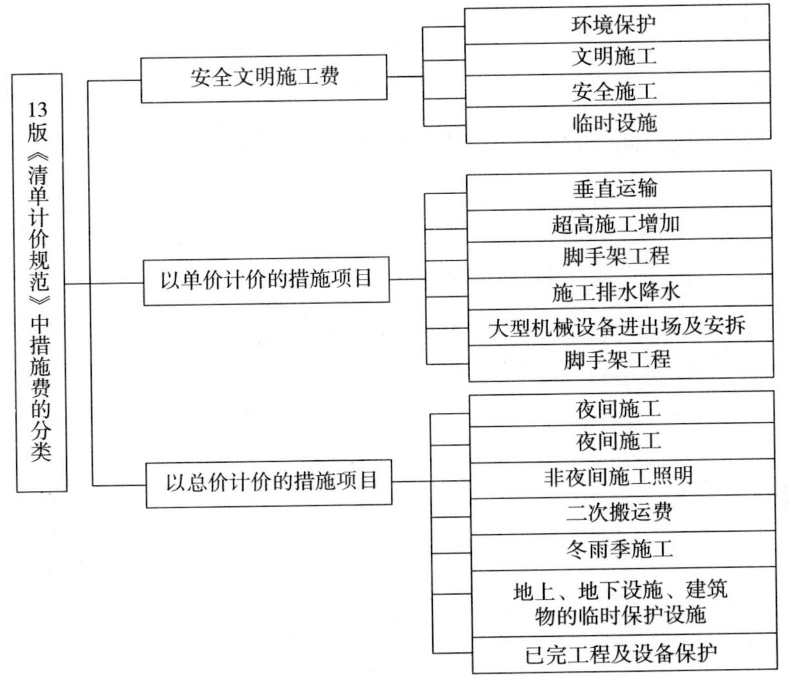

图 3-3 措施项目分类

措施项目清单及其具体列项条件如表 3-5 所示：

表 3-5 措施清单项目及其列项条件

序号	措施项目名称	措施项目发生条件
房屋建筑与装饰工程		
1.1	脚手架工程	一般情况下需要发生
1.2	混凝土模板及支架（撑）	拟建工程中有混凝土及钢筋混凝土工程
1.3	垂直运输	施工方案中有垂直运输机械的内容、施工高度超过 5m 的工程
1.4	超高施工增加	施工方案中有垂直运输机械的内容、施工高度超过 20m 的工程
1.5	大型机械设备进出场及安拆	施工方案中有大型机械设备的使用方案，拟建工程必须使用大型机械设备

续表

序号	措施项目名称	措施项目发生条件
1.6	施工排水、降水	依据水文地质资料，拟建工程的地下施工深度低于地下水位
1.7	安全文明施工及其他措施项目	一般情况下需要发生
仿古建筑工程		
2.1	脚手架工程	一般情况下需要发生
2.2	混凝土模板及支架	拟建工程中有混凝土及钢筋混凝土工程
2.3	垂直运输	施工方案中有垂直运输机械的内容、施工高度超过5m的工程
2.4	超高施工增加	施工方案中有垂直运输机械的内容、施工高度超过20m的工程
2.5	大型机械设备进出场及安拆	施工方案中有大型机械设备的使用方案，拟建工程必须使用大型机械设备
2.6	施工降水排水工程	依据水文地质资料，拟建工程的地下施工深度低于地下水位
2.7	安全文明施工及其他措施项目	一般情况下需要发生
通用安装工程		
3.1	专业措施项目	依据拟建工程内容及施工环境
3.2	安全文明施工及其他措施项目	一般情况下需要发生
市政工程		
4.1	脚手架工程	一般情况下需要发生
4.2	混凝土模板及支架	拟建工程中有混凝土及钢筋混凝土工程
4.3	围堰	参考市政工程施工方案、招标文件、设计文件等

续表

序号	措施项目名称	措施项目发生条件
4.4	便道及便桥	参考市政工程施工方案、招标文件、设计文件等
4.5	洞内临时设施	
4.6	大型机械设备进出场及安拆	施工方案中有大型机械设备的使用方案，拟建工程必须使用大型机械设备
4.7	施工排水、降水	依据水文地质资料，拟建工程的地下施工深度低于地下水位
4.8	处理、监理、监控	依据拟建工程内容及施工环境
4.9	安全文明施工及其他措施项目	一般情况下需要发生
园林绿化工程		
5.1	脚手架工程	一般情况下需要发生
5.2	模板工程	拟建工程中有混凝土及钢筋混凝土工程
5.3	树木支撑架、草绳绕树干、搭设遮阴（防寒）棚工程	依据拟建工程内容
5.4	围堰、排水工程	参考园林绿化工程施工方案、招标文件、设计文件等
5.5	安全文明施工及其他措施项目	一般情况下需要发生
矿山工程		
6.1	临时支护措施项目	参考矿山工程施工方案、招标文件、设计文件等
6.2	露天矿山措施项目	
6.3	凿井措施项目	
6.4	大型机械设备进出场及安拆	施工方案中有大型机械设备的使用方案，拟建工程必须使用大型机械设备
6.5	安全文明施工及其他措施项目	一般情况下需要发生

续表

序号	措施项目名称	措施项目发生条件
构筑物工程		
7.1	脚手架工程	一般情况下需要发生
7.2	现浇混凝土构筑物模板	拟建工程中有混凝土及钢筋混凝土工程
7.3	垂直运输	施工方案中有垂直运输机械的内容、施工高度超过5m的工程
7.4	大型机械设备进出场及安拆	施工方案中有大型机械设备的使用方案，拟建工程必须使用大型机械设备
城市轨道交通工程		
8.1	围堰及筑岛	参考城市轨道交通工程施工方案、招标文件、设计文件等
8.2	便道及便桥	
8.3	脚手架	
8.4	支架	
8.5	洞内临时设施	
8.6	临时支撑	
8.7	施工监测、监控	
8.8	大型机械设备进出场及安拆	
8.9	施工排水、降水	
8.10	设施、处理、干扰及交通导行	
8.11	安全文明施工及其他措施项目	一般情况下需要发生
爆破工程		
9.1	爆破安全措施项目	参考爆破工程施工方案、招标文件、设计文件等
9.2	试验爆破措施项目	
9.3	爆破现场警戒与实施措施项目	

（2）措施项目工程量的计算

以单价计价的措施项目清单宜采用分部分项工程量清单的编制方式，列出项目编码、项目名称、项目特征、计量单位和工程量计算规则；安全文明施工费和以总价计价的措施项目应以“项”为计量单位。

施工组织设计编制的最终目的是计算措施工程量，工程量清单编制人员通过查套施工手册，结合项目的特点以及定额中的有关规定，计算措施项目的工程量即可。

方案确定后，结合施工手册及项目特点计算措施项目工程量。施工组织设计中要将使用的材料、材料的规格、使用材料的量都写出来，然后根据这些计算措施项目的工程量。

4）其他项目清单的编制

其他项目清单应根据拟建工程的实际情况进行编制。其他项目清单是指分部分项工程量清单、措施项目清单所包含的内容以外，因招标人的特殊要求而发生的与拟建工程有关的其他费用项目和相应数量的清单。其他项目清单应按照暂列金额、暂估价、计日工和总承包服务费进行列项。

（1）暂定金额清单编制

暂列金额是指招标人暂定并包括在合同中的一笔款项，用于施工合同签订时尚未确定或者不可预见的所需材料、设备、服务的采购，施工中可能发生的工程变更、合同约定调整因素出现时的工程价款以及发生的索赔、现场签证确认等的费用；此部分费用由招标人支配，实际发生了才给予支付，在确定暂列金额时应根据施工图纸的深度、暂估价设定的水平、合同价款约定调整的因素及工程实际情况合理确定，一般可以按分部分项工程量清单的10%～15%，不同专业预留的暂列金额可以分开列项，比例也可以根据不同专业的情况具体确定。

暂列金额由招标人填写，列出项目名称、计量单位、暂定金额等，如不能详列，也可只列暂定金额总额，投标人再将暂列金额计入投标总价中。

（2）暂估价清单编制

暂估价是指招标阶段直至签订合同协议时，招标人在招标文件中提供的用于支付必然要发生但暂时不能确定价格的材料以及专业工程的金额，包括材料暂估价、专业工程暂估价；暂估价类似于FIDIC合同条款中的Prime Cost Items，在招标阶段预见肯定要发生，只是因为标准不明确或者需要由专业承包人完成，暂时无法确定价格。

一般而言，为方便合同管理和计价，需要纳入分部分项工程量清单项目综合单价中的暂估价最好只是材料费，以方便投标人组价。

以“项”为计量单位给出的专业工程暂估价一般应是综合暂估价，应当包括除规费、税金以外的管理费、利润等。总承包招标时，专业工程设计深度往往是不够的，一般需要交由专业设计人设计。国际上，出于提高可建造性考虑，一般由专业承包人负责设计，以发挥其专业技能和专业施工经验的优势。这类专业工程交由专业分包人完成是国际工程的良好实践，目前在我国工程建设领域也已经比较普遍。公开透明地合理确定这类暂估价的实际开支金额的最佳途径就是通过施工总承包人与工程建设项目招标人共同组织的招标。

（3）计日工清单编制

计日工是为了解决现场发生的零星工作的计价而设立的。所谓零星工作一般是指合同约定之外的或者因变更而产生的、工程量清单中没有相应项目的额外工作，尤其是那些时间不允许事先商定价格的额外工作。计日工为额外工作和变更的计价提供了一个方便快捷的途径。计日工对完成零星工作所消耗的人工工时、材料数量、施工机械台班进行计量，并按照计日工表中填报的适用项目的单价进行计价支付。

编制计日工表时，一定要给出暂定数量，并且需要根据经验，尽可能估算一个比较贴近实际的数量。当然，尽可能把项目列全，防患于未然，也是值得充分重视的工作。

计日工数量的确定可以通过经验法和百分比法确定。

①经验法

即通过委托专业咨询机构，凭借其专业技术能力与相关数据资料预估计日工的劳务、材料、施工机械等使用数量。

②百分比法

即首先对分部分项工程的工料机进行分析，得出其相应的消耗量；其次，以工料机消耗量为基准按一定百分比取定计日工劳务、材料与施工机械的暂定数量；最后，按照招标工程的实际情况，对上述百分比取值进行一定的调整。

(4) 总承包服务费清单编制

总承包服务费是为了解决招标人在法律、法规允许的条件下进行专业工程发包以及自行采购供应材料、设备时，要求总承包人对发包的专业工程提供协调和配合服务（如分包人使用总包人的脚手架、水电接驳等）；对供应的材料、设备提供收、发和保管服务以及对施工现场进行统一管理；对竣工资料进行统一汇总整理等发生并向总承包人支付的费用。招标人应当按投标人的投标报价向投标人支付该项费用。

5）规费税金项目清单的编制

（1）规费项目清单应按照下列内容列项：①社会保险费（包括养老保险费、失业保险费、医疗保险费、工伤保险费、生育保险费）；②住房公积金；③工程排污费。出现未包含在上述规范中的项目，应根据省级政府或省级有关权力部门的规定列项。

（2）税金项目清单应包括以下内容：营业税、城市维护建设税、教育费附加、地方教育附加。如国家税法发生变化，税务部门依据职权增加了税种，应对税金项目清单进行补充。

计算基础和费率均应按照国家或地方相关权力部门的规定进行填写。

控制点七：招标控制价的编制

1. 招标控制价概念

招标控制价是《建设工程工程量清单计价规范》（GB 50500—2008）修订中新增的专业术语，它是在建设市场发展过程中对传统标底概念的性质进行的界定，这主要是由于我国工程建设项目施工招标从推行工程量清单计价以来，对招标时评标定价的管理方式发生了根本性的变化。《建设工程工程量清单计价规范》（GB 50500—2013）在《建设工程工程量清单计价规范》（GB 50500—2008）的基础上又进行补充，对招标控制价的一般规定、编制与符合、投诉与处理均进行明确规定。《建设工程工程量清单计价规范》（GB 50500—2013）中第 2.0.45 条规定招标控制价是招标人根据国家或省级、行业建设主管部门颁发的有关计价依据和办法，以及拟定的招标文件和招标工程量清单，结合工程具体情况编制的招标工程的最高投标限价。《建设工程工程量清单计价规范》（GB 50500—2013）中第 5.1.1 条强制规定国有资金投资的建设工程招标，招标人必须编制招标控制价。第 5.1.5 条规定：招标控制价超过批准的概算时，招标人应将其报原概算审批部门审核。

2. 招标控制价的作用

招标控制价在工程量清单招标活动中，对规范投标人的投标报价和保护招标人自身利益方面起着至关重要的作用。

（1）可清除投标人间合谋超额利益的可能性，有效遏制围标串标行为，防止恶性哄抬报价带来的投资风险。

（2）可避免投标决策的盲目性，使得评标中各项工作有参考依据，增强投标活动的选择性和经济性。

（3）可使各投标人自主报价、公平竞争，不受标底的左右，符合市场规律。

（4）既设置了控制上限，又尽量减少了业主对评标基准价的影响。

（5）可为工程变更新增项目确定单价提供计算依据。

3. 招标控制价的编制

招标控制价应由具有编制能力的招标人，或受其委托具有相应资质的工程造价咨询人编制。招标控制价应在招标时公布，不得上调或下浮，招标人应将招标控制价及有关资料报送工程所在地工程造价管理机构备查。承担招标控制价的编制工作者应在遵守规范的情况下，向委托人提交一份客观可行的招标控制价成果文件。

4. 招标控制价的审核

招标控制价的审核主体一般为工程所在地的工程造价管理机构或其组织随机抽取的工程造价咨询人。招标控制价需经审核的，应安排在招标控制价公布之前，一般不得迟于投标文件截止日10日前。工程造价管理机构对招标控制价审核一般为备案性审核，审核时间不得超过2个工作日。组织委托工程造价咨询人对招标控制价审核应为全面地技术性审核，审核时间不得超过5个工作日。

5. 招标控制价编制依据

根据我国建设工程造价管理协会组织有关单位编制的《建设工程招标控制价编审规程》，招投标控制价的编制依据主要由以下几个方面：

（1）国家、行业和地方政府的有关规定；

（2）国家、行业、地方有关技术标准和质量验收规范等；

（3）《建设工程工程量清单计价规范》（GB 50500—2013）及其配套计价依据；

（4）国家、行业和地方建设主管部门颁发的计价定额和计价办法及其相关配套计价文件；

（5）工程项目地质勘察报告以及相关设计文件；

（6）工程项目招标文件，工程量清单和设备清单；

（7）澄清、补充文件、答疑文件，以及修改纪要中提出的工程技术、质量、工期、承包范围；

（8）本工程项目所涉及的常规施工组织设计和施工方案以及所采用的施工机械；

（9）本工程涉及的人工、材料、机械台班的信息价以及市场价格；

（10）施工期间的风险因素；

（11）其他相关资料。

6. 招标控制价编制的内容

《建设工程工程量清单计价规范》（GB 50500—2013）第 5.2 条规定采用工程量清单计价，招标控制价由分部分项工程费、措施项目费、其他项目费、规费和税金组成，具体如表 3-6 所示。

表 3-6　工程量清单计价模式下建设工程造价费用构成表

序号	费用构成	涵义	包含费用项目
1	分部分项工程费	2013 版《清单计价规范》第 5.2.3 规定分部分项工程费应根据拟定的招标文件和招标工程量清单项目中的特征描述及有关要求确定综合单价计算	人工费、材料费、施工机械使用费
			企业管理费、利润
			一定范围内的风险费用
2	措施项目费	措施项目费是指为完成工程项目施工，发生于该工程施工前和施工过程中技术、生活、文明、安全等方面的非工程实体项目所发生的费用。	总价措施费和单价措施费
3	其他项目费	其他项目费是指分部分项工程量清单、措施项目清单所包含的内容以外，因招标人的特殊要求而发生的与拟建工程有关的其他项目的费用	暂列金额：招标人暂定并包括在合同中的一笔款项，用于施工合同签订时尚未确定或者不可预见的所需材料、设备、服务的采购，施工中可能发生的工程变更、合同约定调整因素出现时的工程价款调整以及发生的索赔、现场签证确认等费用。具体费用组成由工程量清单编制人对暂列金额的预测确定

续表

序号	费用构成	涵义	包含费用项目
3	其他项目费	其他项目费是指分部分项工程量清单、措施项目清单所包含的内容以外，因招标人的特殊要求而发生的与拟建工程有关的其他项目的费用	暂估价：招标阶段直至签订合同协议时，招标人在招标文件中提供的用于支付必然要发生但暂时不能确定价格的材料以及专业工程的金额，包括材料暂估单价、专业工程暂估价，具体费用组成由工程量清单编制人员预测确定。
			计日工：为了解决现场发生的零星工作的计价而设立的，一般指完成合同约定之外的或者因变更而产生的、工程量清单中没有相应项目的额外工作，尤其是那些难以事先商定的额外工作的费用，具体费用组成由工程量清单编制人员预测确定
			总承包服务费：为了解决招标人在法律、法规允许的条件下进行专业工程发包以及自行供应材料、设备，并需要总承包人对发包的专业工程提供协调和配合服务，对供应的材料、设备提供收发和保管服务以及进行施工现场管理、竣工资料汇总整理等服务时向总承包人支付的费用
4	规费和税金	规费是根据省级政府或省级有关权力部门规定必须缴纳的，应计入建筑安装工程造价的费用	
		税金是国家税法规定的应计入建筑安装工程费用的营业税、城市维护建设税及教育费附加等	

7. 招标控制价编制的程序

招标控制价编制人员工作的基本程序包括编制前准备、收集编制资料、编制招标控制价价格、整理招标控制价文件相关资料、形成招标控制价编制成果文件，具体如图 3-4 所示。

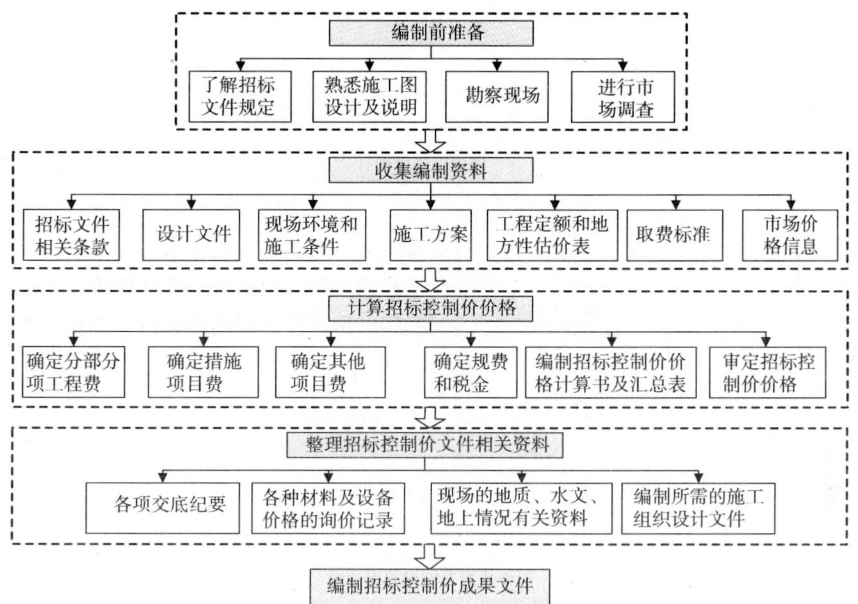

图 3-4　招标控制价编制程序

8. 招标控制价编制的方法

1）分部分项工程量清单费的编制

分部分项工程费等于综合单价乘以工程量清单给出的工程量。工程量清单中每个项目的综合单价，均应按各地方建设工程计价办法的规定，对其组成的各子目（包括主要项目和相关项目）在基价的基础上计算各子目的合价，其他项目清单中的材料暂估价也要计入到材料费中去。综合单价的确定方法如下：

（1）人工费、材料费、机械使用费的确定

人工费、材料费、机械使用费的确定一般套用不同地区规定使用的计价定额。同时，为提高编制的精度，参照市场价时具体计算原理如下：

①消耗量定额的套用

根据每个清单项目的项目名称、项目特征描述及工作内容，套用完成一个清单项目所需要的所有定额子目及每个定额子目在此工程量清单项目下的数量，定额子目的选择按地方消耗量定额的相关规定进行，数量的计算按当地消耗量定额的计算规则进行计算。

②人工、材料、机械台班数量的计算

人工、材料和机械台班数量按每个定额子目数量与该定额子目单个计量单位消耗量的乘积计算，每个定额子目单个计量单位的人、材、机消耗量应采用地方定额的消耗量标准。

③人工、材料、机械台班单价的确定

人、材、机的单价参照工程造价管理机构发布的工程造价信息，工程造价信息没有发布的参照市场价格，如材料、设备价格为暂估价的应按暂估价格确定。

④人工费、材料费和机械使用费的计算

工程量清单项目的人工费、材料费和机械使用费由其套用的所有定额子目的人工费、材料费、机械使用费用组成，每个定额子目的人工费、材料费、机械使用费用应由“量”和“价”两个因素组成，用上述计算的人工、材料和机械台班数量分别乘以所选用的人工、材料和机械台班单价，即

人工费＝∑完成单位清单项目所需工人的工日数量×每工日的人工日工资单价

材料费＝∑完成单位清单项目所需各种材料、半成品的数量×各种材料、半成品单价

机械使用费＝∑完成单位清单项目所需各种机械的台班数量×各种机械的台班单价

以上形成了人工费、材料费和机械使用费，每个清单项目下所有定额子目的人工费、材料费和机械使用费之和，便形成了该清单项目的人工费、材料费和机械使用费。若其他项目清单中有材料暂估价，也要计入综合单价的材料费中。

（2）企业管理费的确定

企业管理费的确定应参考当地具体计价规定，不得上调或下浮，通常的确定方式是取费基数乘以费率。例如《北京市房屋修缮工程计价依据——预算定额（土建工程预算定额）》中规定土建工程、古建筑工程企业管理费计算基数是直接费，安装工程计算基数是人工费，并给出相应的企业管理费率；安徽以人工费和机械费为计费基数规定了不同工程类别企业管理费率；河北定额以人工费和机械费为计费基数规定了不同工程类别企业管理费率；黑龙江省以人工费为计费基数规定了不同工程类别企业管理费率的数值范围。取费基数一般有三种形式：

①以直接工程费（人工费＋材料费＋机械使用费）为计算基础：

企业管理费＝直接工程费×相应费率(%)

②以人工费和机械费为计算基础：

企业管理费＝直接工程费中的人工费和机械费合计×相应费率(%)

③以人工费为计算基础：

企业管理费＝直接工程费中的人工费×相应费率(%)

（3）利润的确定

利润的确定应参考当地具体计价规定，不得上调或下浮，通常的确定方式是取费基数乘以费率。

(4) 风险费用的确定

风险费用的确定应根据招标文件、施工图纸、合同条款、材料设备价格水平及工程实际情况合理确定，可按费率计算。招标文件中未作要求的按照以下原则确定：

①根据我国工程建设特点，投标人应完全承担：技术风险和管理风险，如管理费和利润；

②有限度承担：市场风险，如建筑材料、机械燃料等价格风险；材料价格的风险宜控制在5%以内，施工机械使用费的风险可控制在10%以内，超过者予以调整；

③完全不承担：法律、法规、规章和政策变化的风险，如税金、规费、人工单价等，应按照当地造价管理机构发布的文件按实调整。

(5) 综合单价的形成

每个清单项目所需要的所有定额子目下的人工费、材料费、机械使用费、企业管理费、利润和风险费之和为单个清单项目合价，单个清单项目合价除以清单项目的工程量，即为单个清单项目的综合单价。具体公式如下：

$$\text{组成工程量清单项目综合单价的定额项目合价} = \text{定额项目工程量} \times [\text{定额人工消耗量} \times \text{人工单价} + \sum(\text{定额材料消耗量} \times \text{材料单价}) + \sum(\text{定额机械台班消耗量} \times \text{机械台班单价}) + \text{管理费和利润}]$$

$$\text{分部分项工程量清单综合单价} = \frac{\sum \text{组成工程量清单项目综合单价的定额项目合价} + \text{未计价材料费（包括暂估材料费）}}{\text{工程量清单项目工程量}}$$

2）措施项目清单费的编制

招标控制价中的措施项目清单计价，应根据拟建工程的施工组织设计和特殊施工方案，可以计算工程量的措施项目，宜采用分部分项工程量清单的方式编制，应采用综合单价计价；以“项”为计量单位的，按项计价，其价格组成与综合单价相同，应包括除规费、税金以外的全部费用。

（1）综合单价法

措施项目清单采用综合单价法计价与分部分项工程量清单综合单价的编制依据和计算方法一样，主要是指一些与实体项目紧密联系的项目，如混凝土、钢筋混凝土模板及支架、脚手架等。

某项措施项目费＝措施项目工程量×综合单价

措施项目中的综合单价计算方法参照分部分项工程费综合单价的计价方法，每个措施项目清单所需要的所有定额子目下的人工费、材料费、机械使用费、企业管理费、利润和风险费之和为单个清单项目合价，单个清单项目合价除以清单项目的工程量，即为单个清单项目的综合单价。具体公式如下：

$$\text{组成措施项目清单综合单价的定额项目合价}=\text{定额项目工程量}\times[(\text{定额人工消耗量}\times\text{人工单价})+\sum(\text{定额材料消耗量}\times\text{材料单价})+\sum(\text{定额机械台班消耗量}\times\text{机械台班单价})+\text{管理费和利润}]$$

$$\text{措施项目清单综合单价}=\frac{\sum\text{组成措施项目清单综合单价的定额项目合价}+\text{未计价材料费（包括暂估材料费）}}{\text{措施项目清单工程量}}$$

（2）比率法

比率法主要适用于施工过程中必须发生但在投标时很难具体分析，分项预测又无法单独列出项目内容的措施项目，以“项”为计量单位来编制。采用比率法计算的措施项目费应依据提供的工程量清单项目，按照国家、行业和地方政府的规定，合理确定计费基数和费率。

某项措施项目费＝措施项目计费基数×费率

取费基数和费率要按各地建设工程计价办法的要求确定，一般不同地区对取费基数和费率规定都不尽相同。这里需要注意，措施项目清单中的安全文明施工费应按照国家或省级、行业建设主管部门的规定计价，不得作为竞争性费用。

（3）分包计价法

分包计价法是在分包价格的基础上增加投标人的管理费及风险进行计价的方法，这种方法适用于可以分包的独立项目，如室内空气污染测试等。

不同的措施项目其特点不同，不同的地区，费用确定的方法也不一样，但基本上可归纳为两种：其一，以分部分项工程费为基数，乘以一定费率计算；其二，按实计算。前一种方法中措施项目费一般已包含管理费和利润等。

3）其他项目清单费的编制

（1）暂列金额的确定

暂列金额的确定应根据工程特点，即工程的复杂程度、设计深度、工程环境条件（包括地质、水文、气候条件等）按有关计价规定进行估算确定，一般可以分部分项工程费的10％～15％计取。

（2）暂估价的确定

暂估价的确定包括对材料、工程设备暂估价和专业工程暂估价两部分。

①材料、工程设备暂估价。招标人提供的暂估价的材料、工程设备，应按暂定的单价计入综合单价；未提供暂估价的材料、工程设备，应按工程造价管理机构发布的工程造价信息中的单价计算；工程造价信息未发布的材料单价，其单价参考市场价格估算。

②专业工程暂估价。招标人需另行发包的专业工程暂估价应分不同专业按项列支，价格中包含除规费、税金以外的所有费用，按有关计价规定进行估算。

③计日工的确定

计日工的项目和数量应按其他项目清单列出的项目和数量，计日工中的人工单价、施工机械台班单价应按工程所在地工程造价管理机构定期公布的单价计算；计日工的材料单价应按工程所在地的工程造价管理机构发布的工程造价信息价计算，对于未发布的材料单价，应按市场调查价格确定，并计取一定的管理费用和利润。

（4）总承包服务费的确定

①招标人仅要求对分包的专业工程进行总承包管理和协调时，按分包的专业工程估算造价的1.5%计算；

②招标人要求对分包的专业工程进行总承包管理和协调并同时要求提供配合服务时，根据招标文件中列出的配合服务内容和提出的要求按分包的专业工程估算造价的3%～5%计算；

③招标人自行供应材料的，按招标人供应材料价值的1%计算。

4）规费和税金项目清单费的编制

（1）规费的确定

规费的确定公式如式所示：规费＝取费基数×费率

规费按照国家或省级建设主管部门的规定确定取费基数和费率，不得作为竞争性费用，具体取费基数和费率不同地区一般有区别规定。如北京市京造定［2009］6号文《关于调整2001年〈北京市建设工程费用定额〉规费计算方法的有关通知》对规费的取费基数和费率作了如表3-7所示的规定。

表3-7　北京市规费取费基数和费率规定

<table>
<tr><th colspan="2">工程类别</th><th>计费基数</th><th>费率（%）</th></tr>
<tr><td colspan="2">建筑工程</td><td>人工费</td><td>24.09</td></tr>
<tr><td colspan="2">市政工程</td><td>人工费</td><td>26.50</td></tr>
<tr><td colspan="2">庭院、绿化工程</td><td>人工费</td><td>20.19</td></tr>
<tr><td rowspan="2">地铁工程</td><td>土建、轨道工程</td><td>人工费</td><td>22.89</td></tr>
<tr><td>通信、信号、机电、人防工程</td><td>人工费</td><td>27.18</td></tr>
</table>

（2）税金的确定

税金的确定如式所示：

税金＝(分部分项工程费＋措施项目费＋其他项目费＋规费)×税率

税金按照国家或省级建设主管部门的规定，结合工程所在地情况确定税率，不得作为竞争性费用。

5）注意事项

（1）分部分项工程量清单计价工作中应注意：

①在编制招标控制价之前对照招标文件、设计图纸等对工程量清单进行审核，应以审核盖章的施工图设计文件为编制依据。

②招标控制价的编制未采用工程造价管理机构发布的工程造价信息时，需在招标文件或答疑补充文件中予以说明，采用的市场价格应通过调查、分析确定，有可靠的信息来源。

③采用综合单价法时应选套当地消耗量定额，对定额规定需要换算的项目按规定进行换算，深层领会项目特征描述中所涉及的工作内容，应注意定额工程量与清单工程量的差异。特别应注意土方工程不能把清单工程量直接当作定额工程量计入。

（2）措施项目清单计价工作中应注意：

①核对措施项目清单，包括核对工程量清单的工程量和项目设置。

②措施项目清单必须执行现行《建设工程工程量清单计价规范》（GB 50500—2013）、《建筑安装工程费用项目组成》（建标［2013］44号）及当地造价管理机构的有关规定。安全文明施工费按照国家或省级、行业建设主管部门的规定计算，国家计量规范规定不宜计量的措施项目按照《建筑安装工程费用项目组成》（建标［2013］44号）及工程造价管理机构的规定计算，其他项目应结合相关规定和实际情况进行计算。

③措施项目费用的计算应根据常规的施工组织设计和特殊施工方案，计取范围、标准必须符合规定，并与工程的施工方案相对应。

（3）其他项目清单计价工作中应注意：

其他项目中的暂列金额、暂估价按招标给定价格计算，计日工按给定的数量考虑一定的取费合理计算综合单价，总承包服务费应根据给定的服务内容合理计算。

（4）规费和税金项目清单计价工作中应注意：

①对未包括的规费项目，在计算规费时应根据省级政府或省级有关权力部门的规定进行补充。

②国家税法如发生变化或地方政府及税务部门依据职权对税种进行了调整，应对税金项目清单进行相应调整。

（5）其他

①招标控制价应定位准确，正确反映当时的市场价格水平，不宜过高或过低。

②招标控制价应编制准确，《建设工程工程量清单计价规范》（GB 50500—2013）规定招标控制价不得上调或下浮，应严格控制不可超过设计概算。

③招标控制价的编制一定要与招标文件统一。编制过程中会存在一定风险，应通过相关管理方法予以处理，或明确说明风险所包括的范围及超出该范围的价格调整方法。

④编制招标控制价时，一定要结合工程量清单和图纸，并对现场进行踏勘，确保招标控制价的编制内容符合现场的实际情况，以免造成招标控制价与实际情况脱离。

⑤编制招标控制价时，尽量确保相同材料、相同的子目材料价格取定的标准统一。

⑥由于招标控制价的投诉与处理需要经历一定时间，并且《建设工程工程量清单计价规范》（GB 50500—2013）规定重新公布招标控制价的时间至投标文件截止时间不足 15 天的，应延长投标文件的截止时间。为防止投诉影响招标进度，在招标文件中可规定对招标控制价投诉的截止时间，如答疑发出之前。

控制点八：招标控制价的审核

1. 招标控制价审核依据

根据中国建设工程造价管理协会组织有关单位编制的《建设工程招标控制价编审规程》，招投标控制价的审核依据主要有以下几个方面：

(1) 国家、行业和地方政府的有关规定。

(2) 国家、行业和地方有关工程技术标准、规范等。

(3)《建设工程工程量清单计价规范》(GB 50500—2013)，国家、行业和省市颁发的计价办法及规定。

(4) 建设项目所在地工程造价管理机构发布的工程造价信息。

(5) 与建设项目有关的资料：

①项目的批文。

②已批复的项目设计概算。

③有关建设项目的会议纪要、答疑。

④施工图纸等设计文件。

⑤工程项目招标文件、工程量清单、招标控制价的文字材料及电子文档。

⑥其他相关资料。

2. 招标控制价审核内容

参考招标控制价编制成果文件，审核应包括对其价格的审核及相关文件的审核，具体如表 3-8 所示。

3. 招标控制价审核程序

招标控制价审核人员工作的基本流程包括审核前准备，审核招标控制价文件，形成招标控制价审核成果文件，具体如图 3-5 所示。

表 3-8　　招标控制价的审核内容

序号	审核对象	审　核　标　准
1	工程量清单审核	(1) 工程量清单必须依据2013版《清单计价规范》和省、市造价管理机构的有关规定编制，编制内容必须与该项目的施工图一致。 (2) 工程量计算必须准确。项目划分应合理，项目特征描述应完整、准确，并达到编制综合单价的要求。 (3) 措施项目清单和其他项目清单应合理。 (4) 设备的技术参数、主要材料的品种、规格、标准必须明确，应符合设计图纸的要求
2	招标控制价价格的审核	(1) 招标控制价的项目必须与工程量清单项目相一致。 (2) 分部分项综合单价的组成必须符合现行2013版《清单计价规范》的要求。 (3) 措施费用的计取范围、标准必须符合规定，并与工程的施工方案相对应。 (4) 规费、不可竞争费及其他各类取费必须执行现行2013版《清单计价规范》及省、市造价管理机构的有关规定。 (5) 主要材料及设备的价格应以工程所在地的造价管理机构发布的信息价为依据。也可通过市场调查、分析的方式确定，但应有可靠的信息来源
3	招标控制价文件组成的审核	(1) 招标控制价编制成果文件的完整性。可参考5.5.6.1节与5.5.6.2节内容，主要审核编制成果文件填写的内容是否完整。 (2) 招标控制价编制成果文件的规范性。可参考5.5.6.1节与5.5.6.2节内容，主要审核各种表格是否按照2013版清单计价规范中要求的格式进行编制
4	招标控制价编制依据的审核	(1) 审核招标控制价编制依据的合法性。是否是经过国家和行业主管部门批准，符合国家的编制规定，未经批准的不能采用。 (2) 审核招标控制价编制依据的时效性。各种编制依据均应该严格遵守国家及行业主管部门的现行规定，注意有无调整和新的规定，审核招标控制价编制依据是否仍具有法律效力。 (3) 审核招标控制价编制依据的适用范围。对各种编制依据的范围进行适用性审核，如不同投资规模、不同工程性质、专业工程是否具有相应的依据

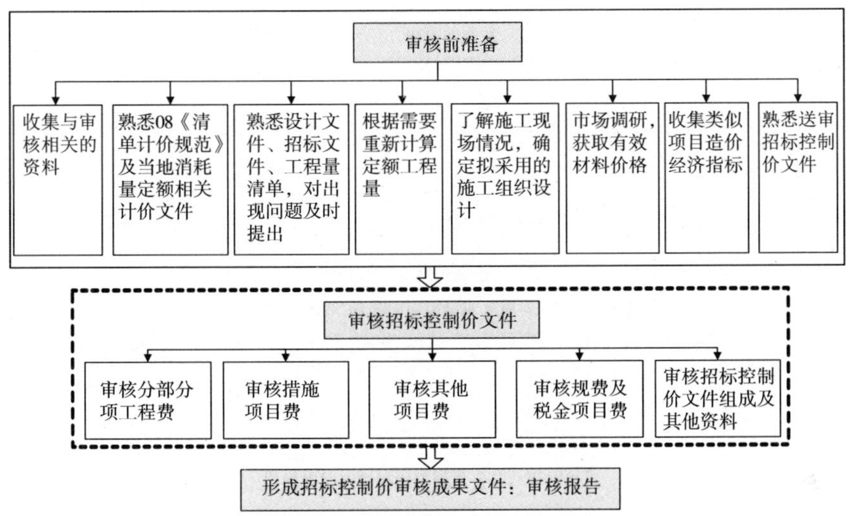

图3-5　招标控制价审核流程

4. 招标控制价审核方法

（1）工程造价汇总的审核

①招标控制价的项目是否和工程量清单项目相一致。

②将招标控制价与设计概算进行对比，招标控制价原则上不应超出设计概算中的建安造价。

③采用技术经济指标复核，从工程造价指标、主要材料消耗量指标等方面与同类建筑工程进行比较分析。在复核时，选择与此工程具有相同或相似结构类型、建筑形式、装修标准、层数等的以往工程，将上述几种技术经济指标逐一比较，如果出入不大可判定招标控制价基本正确，否则应对相关项目进行复核，分别查看清单计价、工程量计算汇总过程，找到差异原因。

（2）分部分项工程费的审核

审核分部分项综合单价的组成是否符合《建设工程工程量清单计价规范》（GB 50500—2013）的要求，具体包括：

①审核综合单价是否参照现行消耗量定额进行组价，计费是否完整，取费费率是否按国家或省级、行业建设主管部门对工程造价计价中费用或费用标准执行。综合单价中是否考虑了投标人承担的风险费用。

②审核定额工程量计算是否准确，人工、材料、机械消耗量与定额不一致时，是否按定额规定进行了调整。

③审核人工、材料、设备单价是否按工程造价管理机构发布的工程造价信息及市场信息价格进入综合单价，对于造价信息价格严重偏离市场价格的材料、设备，是否进行了价格处理；招标文件中提供暂估单价的材料，是否按暂估的单价进入综合单价，暂估价是否在工程量清单与计价表中单列，并计算了总额；审核由市场调查、分析方式确定的价格信息来源是否可靠。

④工程量应按工程量清单提供的清单工程量进行计算。

⑤综合单价分析按照《建设工程工程量清单计价规范》（GB 50500—2013）中规定的表格形式，应清楚并充分满足以后调价的需要。

⑥综合单价与数量的乘积是否与合价一致。

⑦各分项金额合计是否与总计一致。

（3）措施项目费的审核

审核措施费用的计取范围、标准必须符合规定，并与工程常规的施工方案相对应，具体包括：

①审核措施项目清单中相关的措施项目是否齐全，计算基础、费率应清晰；

②措施项目清单费用应根据相关计价规定、工程具体情况及企

业实力进行计算，对其中未列的但实际会发生的措施项目应进行补充。

（4）其他项目费的审核

审核其他项目费是否按工程量清单给定的金额进行计价，具体包括：

①审核暂列金额是否按工程量清单给定的金额进行计价，根据招标文件及工程量清单的要求，应注意此部分费用是否应计算规费和税金。

②专业暂估价是否按招标工程量清单给定的价格进行计价，是否应计取了规费和税金。

③计日工是否按工程量清单给予的数量进行计价，计日工单价是否为综合单价。

④总承包服务费是否按招标文件及工程量清单的要求，结合自身实力对发包人发包专业工程和发包人供应材料计取总承包服务费，计取的基数是否准确，费率有无突破相关规定。

（5）规费、税金的审核

审核规费和税金的取费基数和费率是否严格执行国家、省市造价管理机构的有关规定，计算基数是否准确。

（6）注意事项

①为了保证计算出的招标控制价更加合理、保证招投标工作的公平性，在审核招标控制价时应考虑如下影响因素：

a. 是否符合招标文件的要求。

b. 工程的规模和类型、结构复杂程度。

c. 工期的长短、必要的技术措施。

d. 工程质量的要求。

e. 工程所在地区的技术、经济条件等。

f. 根据不同的承包方式，考虑不同的包干系数及风险系数。

g. 现场的具体情况等。

②审核汇总后的招标控制价是否控制在标准的概算范围内，如超出原概算，招标人应将其报原概算审批部门审核。

③做好复核工作。审核过程中，为了检验成果的可行性，必须采用类比法。即利用工程所在地的类似工程的技术经济指标进行分析比较，进行可行性判断。如差距过大，应寻找原因，如设计错误，应予纠正。

④其他

a. 注意审核招标控制价编制中所参考的工程量清单的项目特征是否符合现场实际情况；所套用的材料是否与设计图纸描述相符。

b. 审核招标控制价时，要全面了解市场价格，如果信息价格严重偏离市场价格，要对其进行修正。

c. 审核招标控制价时，还需参考当地相应的计价办法并严格执行。

d. 除以上要点，审核招标控制价还可参考招标控制价编制的注意事项。

控制点九：确定工期

工期目标能否实现，意味着项目业主能否达到预期建设目标，能否尽快实现投资效益和社会效益。工期目标能否实现，除了取决于施工组织外，还从很大程度上取决于前期对工期的规划是否合理，招标工作是否顺利。因此，对工期的规划是招标策划阶段的一项重要内容，业主需要高度重视并合理策划。需要在招标策划阶段确定的工期包括：整个项目的总工期；各个标段的总工期；各个标段的计划开工日期、计划竣工日期、区段工期。

控制点十：安排招标时间

招标时间的安排包括两种情况：一是如果不分标段的，招标人需拟定从招标准备、招标、投标、开标、评标、公示、定标、签订合同各个阶段的具体时间安排；二是如果划分为多个标段的，招标人除了要拟定上述第一种情况的时间安排外，还需要计划好各个标段开始招标的时间，哪个标段先招，哪个标段后招，有时甚至需要根据承包单位最迟进场（到货）时间倒推最迟应开始招标的时间。

招标人对招投标时间的安排应遵循两个基本原则：一是必须符合法律法规的规定。凡法律法规对各事项的时限有明确规定的，招标人须满足其规定。二是各标段的招标时间安排（进场、到货时间）要服从施工进度的要求。根据施工组织及进度要求，需要先开工、先到货的标段，应安排先进行招标，并考虑一定的机动时间，以防止招投标过程中出现异议投诉或不可预见事件。

一般来说，工程施工招标前应先进行项目管理单位、勘察设计单位、施工监理单位或设备制造监理单位的招标，以为施工管理奠定条件。一般的招标顺序是：施工准备工程在前，主体工程在后；制约工期的关键工程在前，辅助工程在后；土建工程在前、设备安装在后；结构工程在前，装饰工程在后；制约后续工程在前，紧前工程在后；工程施工在前，工程货物采购在后，但部分主要设备采购应在施工之前招标，以便确定工程设计或施工的技术参数。招标的实际顺序应根据工程的特点、条件和需要确定。

为了方便招标人安排好各阶段招投标时间，依据现行国家法律法规的规定，将各阶段招标时限的规定总结如表3-9所示。各行业的部门规章或各地的地方性法规、规章有可能与此部分事项时限有不一致的规定，一般情况下招标人应从其规定，违反法律、行政法规的强制性规定除外。

表3-9 依法必须招标的工程建设项目招投标事项时限规定汇总

序号	招投标活动事项	时　　限
1	招标文件（资格预审文件）发售时间	最短不得少于5日
2	提交资格预审申请文件的时间	自资格预审文件停止发售之日起不得少于5日
3	递交投标文件的时间	自招标文件开始发出之日起至投标文件递交截止之日止最短不少于20天。大型公共建筑工程概念性方案设计投标文件编制时间一般不少于40日。建筑工程实施性方案设计投标文件编制时间一般不少于45日
4	对资格预审文件进行澄清或者修改的时间	澄清或者修改的内容可能影响资格预审申请文件编制的，应当在提交资格预审申请文件截止时间至少3日前发出
5	对资格预审文件异议与答复的时间	对资格预审文件有异议的，应当在提交资格预审申请文件截止时间2日前提出，招标人应当自收到异议之日起3日内做出答复，做出答复前，应当暂停招投标活动
6	对招标文件进行澄清或者修改的时间	澄清或者修改的内容可能影响投标文件编制的，应当在提交投标文件截止时间至少15日前发出
7	对招标文件异议与答复的时间	对招标文件有异议的，应当在提交投标文件截止时间10日前提出，招标人应当自收到异议之日起3日内做出答复，做出答复前，应当暂停招投标活动

续表

序号	招投标活动事项	时　　限
8	对开标异议与答复时间	投标人对开标有异议的，应当在开标现场提出，招标人应当当场做出答复
9	评标时间	招标人应当根据项目规模和技术复杂程度等因素合理确定评标时间。超过三分之一的评标委员会成员认为评标时间不够的，招标人应当适当延长
10	开始公示中标候选人时间	自收到评标报告之日起 3 日内
11	中标候选人公示时间	不得少于 3 日
12	对评标结果异议与答复时间	投标人对评标结果有异议的，应当在中标候选人公示期间提出，招标人应当自收到异议之日起 3 日内做出答复。做出答复前，应当暂停招投标活动
13	投诉人提起投诉的时间	自知道或者应当知道其权益受到侵害之日起 10 日内向有关行政监督部门投诉。异议为投诉前置条件的，异议答复期间不计算在投诉限制期内
14	对投诉审查决定是否受理的时间	收到投诉书 5 日内
15	对投诉做出处理决定的时间	受理投诉之日起 30 个工作日内；需要检验、检测、鉴定、专家评审的，所需时间不计算在内
16	招标人确定中标人时间	最迟应当在投标有效期满 30 日前确定
17	向监督部门提交招标投标情况书面报告备案的时间	自确定中标人之日起 15 日内
18	招标人与中标人签订合同时间	自中标通知书发出之日起 30 日内
19	退还投标保证金时间	招标终止并收取投标保证金的，应及时退还；投标人依法撤回投标文件的，自收到撤回通知之日起 5 日内退还；招标人与中标人签订合同后 5 个工作日内退还

3.2 投标报价中不平衡报价的控制

由于建设工程的多样性、可变性以及工程计价的复杂性，推行工程量清单计价招标、低价中标模式之后，业主与承包商之间分别承担着不同的风险，业主承担的风险主要体现在“量”的方面，承包商承担的风险主要体现在“价”的方面。承包商以获得超额利润为目的，采用不平衡报价策略。若招标人不能及时准确识别和防范，必将导致低价中标，高价结算，造成经济损失。作为招标人，应掌握投标人潜在的不平衡报价关键控制点，进而进行有效控制，制定有效的防范对策，这样既可保护招标人的利益，也有利于将施工单位投标报价的竞争转向自身实力、技术水平和管理水平的竞争上，以实现真正意义上的合理低价中标。这对保护建筑市场的健康发展、维护招投标双方的合法利益具有重要意义。

建设项目投标时在确定总报价之后，对工程量清单中各子项的综合单价进行调整，在既不提高总报价，又不影响中标的前提条件下，结算时获得超额利润的报价手段即不平衡报价。承包人采用不平衡报价的目的是在已标价工程量清单的基础上，通过调整清单内部各子项的报价，在提高某分项工程单价的同时，降低其他分项工程的单价，从而实现高价结算，获得超额利润；承包人运用不平衡报价的原则：在发包人未察觉的情形下正常报价，维持总报价不变，而又不影响中标；承包人进行不平衡报价的前提条件：单价合同，“量价”分离。

不平衡报价产生原因的内容可归纳为政治、经济、社会以及技术四个方面如图 3-6 所示。

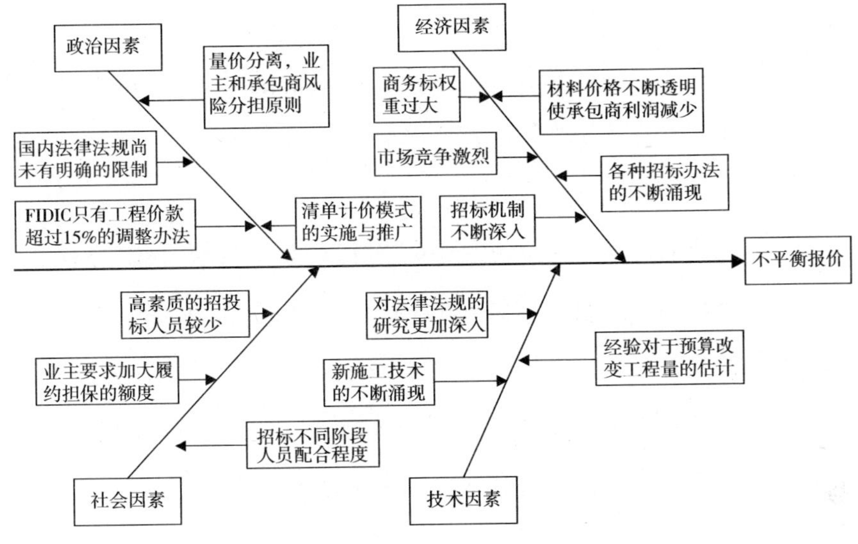

图 3-6　不平衡报价产生原因分析

1. 政治因素

国内相关法规对不平衡报价尚未进行限制，不平衡报价的存在并不触犯规定，这也是不平衡报价存在的前提条件之一；《建设工程工程量清单计价规范》（GB 50500—2013）对合同计价方式进行建议性的规定宜采用单价合同，并且应依据实际完成的工程量进行工程进度款和结算款的核算和支付。

2. 经济因素

通常发包人通过合同条款约定项目工期和质量，要求承包人在保时保质的前提下，力争投资最小；而承包人则在保证工期和质量的前提下，则追求利润最大化。上述发包人和承包人之间对立的造价计取目标也是不平衡报价产生的前提之一。经评审的最低投标价法中，商务标高低直接影响到承包人能否中标，低价中标的激烈竞争进一步导致了不平衡报价的产生。

3. 技术因素

结算工程量应据实结算，即建设项目的进度付款和结算均是根据已完工作的工程数量和相应综合单价。

4. 社会因素

招标工作准备不足，承包人通过研究发包人招标资料中的不足，如设计不当、工程量偏差等给不平衡报价创造了潜在可能。

上述各种能够影响工程价款调整的主、客观因素，给承包商谋求不平衡报价创造了前提条件，其中可预见或可能被利用的各种影响因素都是招标人在招投标阶段应当重视的不平衡报价关键控制点。

在建设项目实施过程中，以相应的规范或者合同文本为基础，对潜在的承包人可进行不平衡报价的关键控制点进行有效控制，是发包人维护自身合法利益的重要手段。《建设工程工程量清单计价规范》（GB 50500—2013）第 8.2.2 款、9.4.2 款、9.5.1 款、9.5.2 款、9.6.2 款以及 9.6.3 款明确规定招标文件缺陷引起的工程价款调整。基于此，从四个方面来分析招标文件缺陷的变更情形，即招投标阶段潜在的不平衡报价关键控制点：

（1）项目特征描述不符

招标工程量清单中对项目特征的描述与实际施工要求不符。

（2）工程量清单缺项

招标工程量清单中工程量清单缺项引起的实体项目增加、招标工程量清单中工程量清单缺项引起的措施项目变化。

（3）工程量偏差

合同履行期间，应予计算的实际工程量与招标工程量清单出现偏差。

与招投标阶段潜在的不平衡报价关键控制点有关的具体条款规定如表 3-10 所示。

表 3-10　2013 版《清单计价规范》中潜在的可被利用不平衡报价的条款

条款	具　体　内　容	变更情形
8.2.2	施工中工程计量时，若发现招标工程量清单中出现缺项、工程量偏差，或因工程变更引起工程量增减，应按承包人在履行合同义务中完成的工程量计算	清单缺项或工程量计算偏差
9.4.2	承包人应按照发包人提供的设计图纸实施合同工程，若在合同履行期间，出现设计图纸（含设计变更）与招标工程量清单任意一项的特征描述不符，且改变化引起该项目的工程造价增减变化的，应按照实际工程的项目特征重新确定相应工程量清单项目的综合单价，调整合同价款	清单项目特征描述不符
9.5.1	合同履行期间，由于招标工程量清单中缺项，新增分部分项工程清单项目的，应按照本规范第 9.3.1 条规定确定单价，调整合同价款。 ①已标价工程量清单中有适用于变更工程项目的，采用该项目的单价。 ②已标价工程量清单中没有适用、但有类似于变更工程项目的，可在合理范围内参照类似项目的单价。 ③已标价工程量清单中没有适用也没有类似于变更工程项目的，由承包人根据变更工程资料、计量规则和计价办法、工程造价管理机构发布的信息价格和承包人报价浮动率提出变更工程项目的单价，报发包人确认后调整	清单缺项或非承包人原因的变更
9.5.2	①按本规范第 9.5.1 条规定，新增分部分项工程清单项目后，引起措施项目发生变化的，应按照本规范第 9.3.2 条的规定，在承包人提交的实施方案被发包人批准后，调整合同价款。 ②工程变更引起施工方案改变，并使措施项目发生变化的，承包人提出调整措施项目费的，应事先将拟实施的方案提交发包人确认，并详细说明与原方案措施项目相比的变化情况。拟实施的方案经发承包双方确认后执行	清单缺项或非承包人原因的变更

续表

条款	具　体　内　容	变更情形
9.6.2	对于任意招标工程量清单项目，如果因本条规定的工程量偏差和第9.3条规定的工程变更等原因导致工程量偏差超过15%，调整的原则为：当工程量增加15%以上时，其增加部分的工程量的综合单价应予调低；当工程量减少15%以上时，减少后剩余部分的工程量的综合单价应予调高	工程量偏差
9.6.3	如果工程量出现《清单计价规范》第9.6.2条的变化，且该变化引起相关措施项目相应发生变化，如按系数或单一总价方式计价的，工程量增加的措施项目费调增，工程量减少的措施项目费调减	工程量偏差

控制点一：项目特征描述不符的控制管理

《建设工程工程量清单计价规范》（GB 50500—2013）术语第2.0.7款对项目特征的概念做了明确规定，即项目特征是构成分部分项工程量清单项目、措施项目自身价值的本质特征。工程量清单项目特征描述是确定项目综合单价的重要依据。项目特征是相对于工程量清单计价而言，对构成实体的分部分项工程量清单项目和不构成实体的措施清单项目，反映其自身价值的特征进行描述，便于准确地确定综合单价。由于项目特征决定着工程实体的实质内容以及自身的价值，因此准确、全面地描述工程量清单的项目特征对清单计价尤其重要。发包人应根据《建设工程工程量清单计价规范》（GB 50500—2013）附录中规定的内容、相应施工图纸、适用规范、标准图集，以及工程实际情况，按照工程结构、使用材质及规格等，对项目特征进行详细的表述和说明。《建设工程工程量清单计价规范》（GB 50500—2013）中第9.4.2款说明承包人应按图纸施工，但承包人应按照项目特征描述进行报价，综合单价确定的核心在于项目特征描述，如图 3-7 所示。

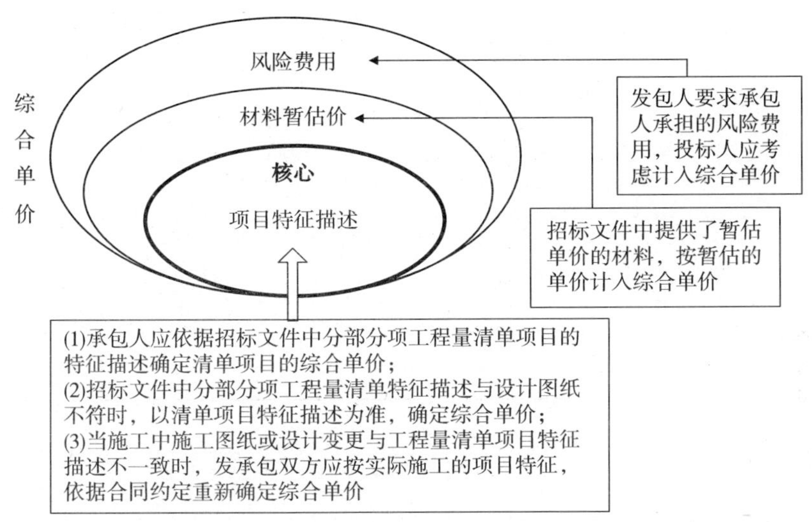

图 3-7　发包人投标报价时考虑的因素分析

实践中项目特征描述分为必须描述的内容、可不描述的内容以及可不详细描述的内容，如表 3-11 所示。

当施工图纸与清单项目特征描述不一致时，《建设工程工程量清单计价规范》（GB 50500—2013）中已做出明确规定，应按实际施工图纸的项目特征描述重新确定综合单价。例如某医院大楼项目，招标文件中工程量清单描述的外墙保温隔热层做法为 50mm 厚聚苯乙烯泡沫塑料板加压粘牢，板背面打磨成细麻面；而实际施工图纸中该聚苯乙烯泡沫塑料板厚度为 70mm 厚。承包人在投标报价时，仔细审核施工图纸和项目特征描述，并进行对比分析，即可事先发现此变更机会点，提前做好变更准备，采取有利于增加额外利润的措施，如充分利用变更进行不平衡报价，提高建设项目的收益。

表 3-11　　工程量清单项目描述基本内容

序号	描述方式	描述内容	具体示例
1	必须描述的内容	子项进行正确计价的	安装工程中“小电器”包括按钮、照明用开关、插座等
		子项结构要求的内容	凝土构件的混凝土强度等级，采用C20、C30等
		子项施工要求的难易程度	工业管道中，管道压力试验、吹扫、清洗设施的不同要求
		子项材质要求	电气配线中导线选用的是铜芯塑料线还是护套线等
		子项安装方式	管道工程中钢管的连接方式是螺纹连接还是焊接等
		规范中没有要求的内容	规范中个别项目，没有明确的项目特征要求，但对组价有影响，必须加以描述的，如厂房大门、特种门
2	可不描述的内容	应由投标人根据施工组织设计方案自行确定的内容	挖基础土方中放坡系数选取
		应由投标人根据施工要求和材料供应自行确定内容	混凝土拌合料使用的石子种类及粒径、砂的种类等
3	可不详细描述的内容	无法准确描述的内容	土壤类别
		施工图纸、标准图集标注明确	
		由投标人自定的一些项目	土石方工程中的土方外运等

因此，招标人在招投标开始之前，应对施工图纸详细审核工程量清单中的各个子项与各项指标，诸如单位面积含钢量、单位体积混凝土消耗量等，找出与历史或经验数据差距较大的子项再进一步仔细核对，识别出招标工程量清单中潜在的项目特征描述的错误，

进行有效控制。

控制点二：清单缺项的控制管理

《建设工程工程量清单计价规范》（GB 50500—2013）中术语规定对措施项目的内涵进行界定：为完成建设项目施工，发生于该工程施工准备和施工过程中的技术、生活、安全、环境保护等方面的项目。措施项目与分部分项工程清单的区别在于是否构成工程实体，构成工程实体的属分部分项清单的项目，不构成工程实体的则为措施项目。《建设工程工程量清单计价规范》（GB 50500—2013）中将措施费分为以单价计价的措施项目和以总价计价的措施项目。单价计价的措施费包括：垂直运输、超高施工增加、大型机械设备进出场及安拆费、施工排水降水、混凝土模板及支架（撑）、脚手架工程；总价措施项目清单中的措施费项目有：安全文明施工（含环境保护、文明施工、安全施工、临时设施）、夜间施工、非夜间施工照明、二次搬运费、冬雨季施工、地上、地下设施、建筑物的临时保护设施、已完工程及设备保护等。

《建设工程工程量清单计价规范》（GB 50500—2013）中第6.2.4 款规定投标人应根据投标文件及投标时拟定的施工组织设计或施工方案自助确定措施费项目总价金额。措施项目确定的依据包括：一是招标文件中的措施项目清单；二是投标时拟定的施工组织设计或施工方案。同时规定了措施费调整的前提条件：措施项目发生变化因工程量清单缺项或非承包人原因的变更而引起，并且造成施工组织设计或施工方案变更。在此基础上，可知措施项目清单编制的依据包括：（1）拟建工程施工组织设计；（2）施工技术方案；（3）相关工程施工规范与工程验收规范等。若施工组织设计、施工方案发生变化，措施项目以及措施项目费也将会发生变化。措施项目发生变化时，投标报价时参考的依据也是不同的如表 3-12 所示。

表 3-12　措施项目发生变化时承包商可能参考的报价依据

序号	投标报价参考依据	措施项目清单内容
1	拟建工程的施工组织设计	环境保护、文明安全施工、二次搬运
2	施工技术方案	夜间施工、大型机械设备进出场及安拆、混凝土模板与支架、脚手架、施工排水、垂直运输机械、组装平台、大型机具使用等项目
3	相关工程施工规范与工程验收规范等	施工技术方案中没有表达的，但为实现验收规范要求而必须发生的技术措施
4	招标文件提出的要求	技术措施
5	设计文件不足写进技术方案	技术措施

措施项目费调整控制点主要包括以下两个方面，如图 3-8 所示。

（1）工程量清单漏项或非承包人原因引起的

（2）工程实体发生变更造成施工组织设计或施工方案变更，导致措施项目费发生变化

图 3-8　措施项目费调整控制点

因此，工程实体变更引起施工方案或施工组织设计变更是清单缺项引起措施项目变化的重要控制点。

措施项目清单计价分为两种方式：以单价计价和以总价计价。其中前者是指根据合同设计图纸（含设计变更）和国家现行相关工程计量规范规定的工程量计算规则进行计量，与已标价工程量清单相应综合单价进行价款计算的项目；后者是指此类项目无法计算工

程量，计量单位为“项”，以总价（或计算基础乘费率）计算的项目，并且措施项目清单计价表中规定以总价计价的措施项目共有十项，而采用单价计价方式的应是哪些可以计算工程量的措施项目。工程量清单缺项引起新增措施项目的变更，当新增的措施项目是以单价计价，缺项导致其工程量低于实际发生的措施项目，承包商为谋求超额利润将会选择适当提高报价；若新增措施项目是以总价计价，则可有效控制不平衡报价的发生。

工程量清单缺项引起施工组织设计以及施工方案的变更，进而导致措施项目变化，为承包人二次创收进行投标报价提供了可利用的机会点，而这些潜在的可被利用的机会点也正是招标人需进行有效管理的关键控制点如表 3-13 所示。

表 3-13　清单缺项引起措施项目变化的变更机会点识别一览表

机会点	机会点情形	变更机会点细分	计价方式	控制点管理
清单缺项引起措施项目变化	施工组织设计变更	环境保护项目	总价计价	可控制
		二次搬运项目	总价计价	可控制
		安全文明施工费	总价计价	可控制
	施工方案变更	夜间施工项目	总价计价	可控制
		大型机械设备进出场及安拆项目	单价计价	工程量低于实际发生
		混凝土模板与支架项目	单价计价	工程量低于实际发生
		脚手架项目	单价计价	工程量低于实际发生
		施工排水项目	单价计价	工程量低于实际发生
		垂直运输机械项目	单价计价	工程量低于实际发生
		大型机具使用等项目	单价计价	工程量低于实际发生

工程量清单缺项引起的措施项目增加，若是以量计价的措施项目，业主应防止谨防提高综合单价。

控制点三：工程量偏差的控制管理

《建设工程工程量清单计价规范》（GB 50500—2013）中规定，若发现工程量清单中出现工程量计算偏差，应按承包人在履行合同义务过程中实际完成的工程量计算。上述规定给清单编制人员带来观念上的“误区”，认为工程量计算的准确性不重要，进而出现了工程量计算粗略甚至错误较多，体现为清单中工程量不明确、清单中工程量多计以及清单中工程量少计三种情形。导致清单工程量偏差的原因主要包括以下几种情形：

（1）对规范中工程量计算规则理解存在偏差，如扣除部位不准确、增加的部位不准确；

（2）设计图纸理解不到位，造成工程量少算、多算；

（3）混淆预算定额和《建设工程工程量清单计价规范》（GB 50500—2013）中工程量计量规则的规定；

（4）清单编制人员缺乏施工技术规范等工程技术方面的知识；

（5）设计质量不高、深度不够；

（6）文字或计算差错。

《建设工程工程量清单计价规范》（GB 50500—2013）中明确约定幅度以外的工程量变化风险由发包人承担。承包人以此作为依据，若在投标报价阶段，将清单工程量与招标文件内容以及施工现场条件对比，仔细复核工程量，寻找发包人工程量偏差的各种情形，利用寻找到的偏差情形进行不平衡报价，实现高价结算的目的，将为发包人带来严重的经济损失。具体内容如图 3-9 所示。

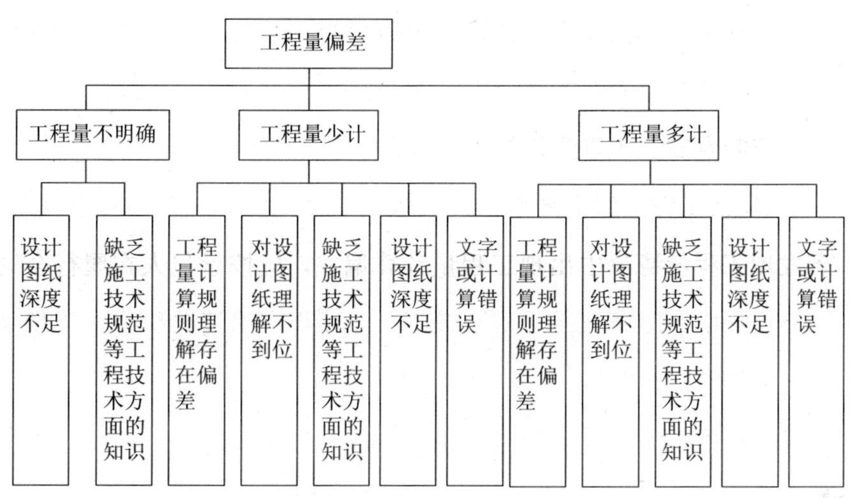

图 3-9　工程量偏差的各种情形分析

工程量偏差的控制管理主要控制内容包括：对工程量计量规则的理解存在偏差可能会导致工程量少计、多计或者不明确，注意《建设工程工程量清单计价规范》（GB 50500—2013）与地区消耗量定额的区别。诸如土石方计算规则是以设计图示净量计算，而不包括放坡、操作工作面爆破超挖量及采取其他措施（如支挡土板）；预制钢筋混凝土桩的打试桩、送桩、接桩、凿桩头、打斜桩等工程量应计量；钢筋的计算应按理论质量计算，并按设计图示和规定的长度、弯钩和搭接方式计算净量。对设计图纸理解出现偏差，进行工程量计算时遗漏某些隐性的子目，尺寸选取不正确，造成工程量少算、多算。清单编制人员业务素质不高，不了解施工组织设计和施工方案，诸如土方工程中的余土外运或借土回填及深基础的施工方法；不进行现场考察，如不了解土方工程的土壤类别及现场场地情况等，无法准确计算清单工程量。承包商利用工程量偏差变更进行不平衡报价一般流程如图 3-10 所示。

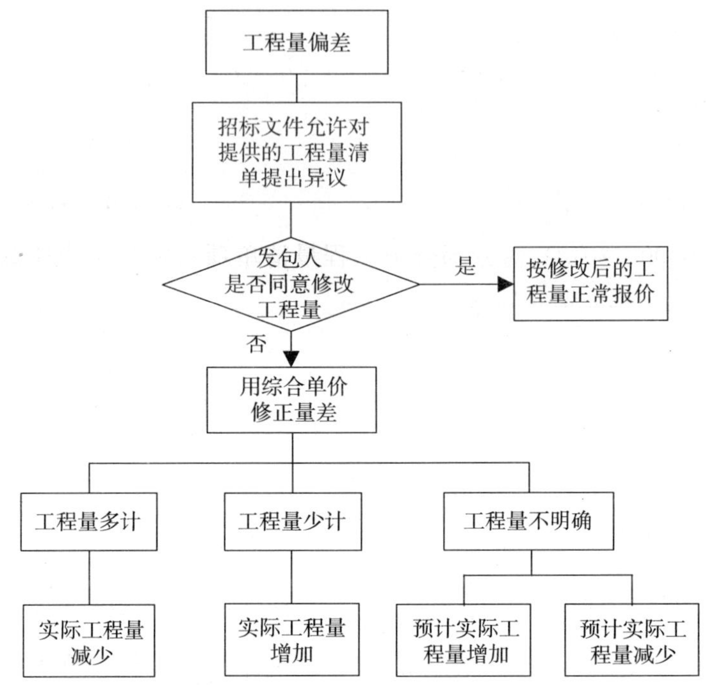

图 3-10　承包商利用工程量偏差进行不平衡报价的流程

承包人利用工程量偏差进行不平衡报价的原则：预测到工程量将会增加的子项，适当提高综合单价；预测到工程量将会减少的子项，适当降低综合单价。

案例一：

为提高城镇化水平，服务民生，经市政府批复，环境卫生管理局（以下简称建设单位）负责垃圾收集站的建设工作。建设单位根据实际情况拟建 10 个垃圾收集站，总建筑面积约为 260 ㎡，采用钢结构双箱形式。

（1）变更控制点出现

承包人仔细研究招标文件发现：招标工程量清单没有对细石混

凝土地面的清单项目特征进行具体描述。

基于此，承包人对于拟投标的垃圾收集站项目施工过程中可能会出现的变更进行预测：招标工程量清单中对细石混凝土地面的清单项目特征描述为细石混凝土。《建设工程工程量清单计价规范》（GB 50500—2013）对分部分项工程量清单项目特征的描述做了明确的规定，结合拟建建设项目的实际情况，并应按附录中规定的项目特征予以描述。因此，招标文件工程量清单中细石混凝土地面的项目特征描述不详细，承包人可以通过现场踏勘以及对施工图纸的仔细研究，提前预测细石混凝土地面的工作内容。

（2）变更控制点评价

采用工程量清单方式招标，《建设工程工程量清单计价规范》（GB 50500—2013）明确规定招标人必须对工程量清单的准确性和完整性负责。因此，当项目特征描述不符时，合同履行阶段由此造成变更的风险应由发包人承担。本案例中此风险应由发包人承担。

（3）承包商拟采用的变更报价方案

承包人通过仔细研究施工图纸，并通过现场踏勘了解施工现场条件，垃圾收集站的细石混凝土楼地面项目特征可描述为 30 厚 C20 细石混凝土打碎抹光、素水泥浆结合层一遍、80 厚 C15 混凝土、素土夯实。若工程量清单中存在相同特征的细石混凝土楼地面，则应在合理范围内降低报价或者提高变更时可以直接套用的清单项目单价；若存在类似子目，预计工程量较多则提高报价，预计工程量较少则降低报价；若不存在适用或类似子目，则降低该项目报价。

（4）发包人变更控制点控制

招标人在招投标开始之前，应对施工图纸详细审核工程量清单中的各个子项与各项指标，并通过现场踏勘了解施工现场条件，识别出招标工程量清单中潜在的项目特征描述的错误，进行有效控制。

案例二：

某单位办公楼经过公开招标由某建筑公司中标承建。该办公楼的建设时间为2011年2月至2012年3月，建筑面积7874.56平方米，主体十层，局部九层。该工程采用的合同方式为以工程量清单为基础的固定单价合同。

（1）变更控制点出现

承包人仔细研究招标文件发现：办公楼施工图纸设计的是使用隔热断桥铝型材，而工程量清单中是按照普通铝合金材料进行描述并组价的。

（2）变更控制点评价

如果工程量清单有缺项或者错误，导致投标人遗漏报价或者报价错误，则该责任由发包人承担。表现在履行合同过程中，发现工程量清单缺项或错误，则承包人可以以发包人对清单的准确性、完整性负责为由，要求发包人调整合同价款，则发包人需要据此进行调整。本案例中，施工图纸与工程量清单中对于外窗材料描述不一致，该风险由发包人承担。

（3）承包商拟采用的变更报价方案

承包人在投标报价阶段发现外窗材料在施工图纸与工程量清单中表现不一致，应按照变更项目确定的三原则，提高或者降低该项目的综合单价，实现变更项目综合单价相对于一般报价水平的提高，增加承包人利润。

（4）发包人变更控制点控制

招标人在招投标开始之前，应对施工图纸详细审核工程量清单中的各个子项与各项指标。

第4章　施工阶段的工程造价控制

施工阶段的工程造价控制是指对出现的工程变更和工程索赔及时计算费用，进行索赔。对施工过程中因各种原因出现的价款变动进行调整等一系列的控制手段，实现对工程费用的控制与调节。施工阶段的工程造价控制主要包括现场签证、工程变更、暂估价、索赔费用和价格调整五个方面内容。

4.1　现场签证

签证是发包人现场代表与承包人就施工过程中涉及的责任事件所作的签认证明。由于建设项目建设周期长，不确定因素多，在施工过程中会发生现场签证，并最终以价款的方式体现在工程价款的结算过程中。现场签证是施工阶段影响工程价款结算的主要因素之一，业主应熟悉现场签证编制的依据与原则，以做好施工现场签证的工作。对现场签证进行规范化管理，避免管理不当影响投资控制。现场工程签证是指在施工现场由业主单位、造价咨询单位、监理单位和施工单位共同签署的，必要时需使用单位签认，用以证实在施工过程中已发生的某些特殊情况的一种书面证明材料。现场签证的管理必须坚持“先签证、后施工”的原则。

现场工程签证主要涉及工程技术、工程隐蔽、工程经济、工程进度等方面内容，均会直接或间接地发生现场签证价款从而影响工程造价。工程签证的主要内容如表 4-1 所示。

表 4-1　　工程签证主要内容

签证类型	具体内容
工程技术	1）施工条件的变化或非承包单位原因所引起工程量的变化； 2）工程材料替换或代用等； 3）更改施工措施和技术方案导致工作面过于狭小、作业超过一定高度，为保证工程的顺利采取必要措施； 4）合同约定范围外的，承包单位对发包人供应的设备、材料进行运输、拆装、检验、修复、增加配件等； 5）发包人借用承包单位的工人进行与工程无关的工作； 6）施工前障碍物的拆除与迁移及跨越障碍物施工
隐蔽工程	1）监理人某种原因未能按时到位，随后要求的剥离检查； 2）在某工序被下一道工序覆盖前的检验，如基础土石方工程、钢筋绑扎工程
工程经济	1）非承包单位原因导致的停工、窝工、返工等任何经济损失； 2）合同价格所包含工作内容以外的项目； 3）没有正规的施工图纸的建设项目，例如大检修工程、零星维修项目，由承包单位提出一套技术方案，经审批完毕后进行实施；实施完毕后办理工程签证，依据工程签证办理竣工结算； 4）合同中约定的可调材差的材料价格
工程进度	1）设计变更造成的工期拖延； 2）非承包单位原因造成分部分项工程拆除或返工； 3）非施工单位原因停工造成的工期拖延
其他方面	1）不可预见因素，包括不可预见的地质变化、文物、古迹等； 2）不可抗力因素

现场工程签证具体内容具有不确定、无规律的特征，也是施工单位获取额外利润的重要手段。因此，做好现场签证管理，是业主单位项目投资控制的一项极其重要的工作，也是影响项目投资控制的关键因素之一。业主单位应要求监理单位和造价咨询单位严格审查现场工程签证，并把好最后的审核关。对于涉及金额较大、签证理由不充足的，或未在委托代理合同授权范围内的，业主单位还要征得委托方的同意，实行委托方、业主单位、监理单位、施工单位和造价咨询单位会签制度。

4.1.1 现场签证控制点

签证的控制要点，主要包括签证理由正当、签证依据完整可靠、签证费用计算准确三方面，因此业主应委托监理单位审查其签证理由的正当性，签证依据的完整与可靠性以及费用计算的准确性，监理单位应将审查信息反馈给业主。业主在收集到监理单位的反馈信息后，要根据实际情况严格批复，并将签证的批复信息反馈给总监理工程师。具体而言，签证的关键控制点包括：

控制点一：签证理由正当

签证事项的缘由应正当、清楚，签署应包括明细计算式及相关图形。施工过程中的签证工作必须符合法律、法规、规章、规范性文件约束下合同对签证的具体约定。业主单位与施工单位对签证中需要明确的内容，可以在施工合同专用条款中重点写明，其涉及的主要内容：

在合同中应约定签证的签发原则，哪些内容可以签证，哪些内容不能签证，如果签证则签证的内容有哪些。凡涉及经济费用支出的停工、窝工、用工、机械台班签证等，由现场代表认真核实后签证，并注明原因、背景、时间、部位等。应在施工组织设计中审批的内容，不能做签证处理。例如：临设的布局、挖土方式、钢筋搭接方式等，应在施工组织设计中严格审查，不能随意做工程签证处理。

业主单位应在合同中约定签证的效力。例如，在一个项目施工合同中，要求现场签证必须有总监签字才能生效，无总监签字的现场签证是不能作为结算审核和索赔的依据。此外，业主单位与施工单位应当在合同中约定单张签证涉及费用大小的签证权限，建立不同层次的签证制度。涉及金额较小的内容可由业主单位现场代表和监理人共同签字认可；涉及金额较大的内容应由业主单位、承包单位、监理单位三方召开专题会议，形成会议纪要，通过签署补充合同的形式予以确定。

控制点二：签证依据完整可靠

签证导致的费用增加应按规定程序严格执行，签证费用的调整应按照合同约定执行，合同约定不应增加的费用不得进行现场签证；业主应会同承包人、监理单位、设计单位、审计单位对现场签证中涉及的隐蔽工程量进行现场核实并签认；对原图纸范围外与本工程密切相关并为本工程服务的工作内容进行签证，对与本工程无关的项目不采取现场签证。

控制点三：签证费用计算准确

现场签证涉及价格应按约定计取，需要招标的价格应实行招标程序。

控制点四：合同约定时间内及时签办

现场签证要在合同约定的时间内及时办理，不应拖延或过后回忆补签。一方面保证签证的效力，另一方面由于工程建设自身的特点，很多工序会被下一道工序覆盖，如基础土方工程；还有会在施工过程中被拆除的临时设施。另一方面参加建设的各方人员都有可能变动。因此，业主单位在现场签证中应当做到一次一签，一事一签，及时处理，及时审核。对于一些重大的现场变化，还应该拍照或录像，作为签证的参考证据。

控制点五：加强签证审查

业主单位对签证的审查主要包括在几个方面：审查签证主体合法、审查签证形式有效、审查签证内容真实合理、审查签证程序及时间符合合同约定，下面具体说明：

1. 签证主体合法

签证主体是施工合同双方在履行合同过程中在签证单上签字的行为人。签证单上的签字人是否有权代表发承包双方签证，直接关系到该签证是否有效，关系到承包方在履行合同过程中所做的签证是否最终能进入工程结算价。因此，审查签证主体必须为合同中明确约定的主体。

2. 签证形式有效

工程签证相当于施工合同的补充协议，一般来说应采用书面形式，审查内容应当包括签证的当事人，签证的事实和理由，签证主体的签字以及发承包双方的公章。

3. 签证内容真实合理

审查签证内容真实合理，真实性表现在签证内容属实，有些承包单位采取欺骗手段，虚报隐蔽工程量，如虚增道路、场地混凝土的厚度等。另外，建筑材料品种繁多，尤其是装饰材料，从表面看上去相同的材料，其价格却相差很远。合理性表现在签证内容应符合合同约定，签证内容涉及到价款调整、工期顺延及经济补偿等内容，应坚持合同原则，严格按照合同约定的计算方法、调整方法等进行相应签证。

4. 签证程序及时间符合合同约定

审查应严格遵循合同中约定的签证程序进行签证，未按照时效和程序会导致签证无效。

4.1.2 现场签证控制点管理依据

业主单位在进行现场签证管理，主要依据：

(1) 国家、行业和地方政府的有关规定；

(2) 发承包合同；

(3) 现场地质相关资料；

(4) 现场变化相关依据；

(5) 计量签证；

(6) 工联系单、会议纪要等资料。

4.1.3 现场签证控制点管理程序

结合工程实践，业主单位进行规范化的工程签证流程如图 4-1 所示。现场工程签证需要以有理、有据、有节为原则，即签证的理由成立、签证的依据完整有效、签证的依据计算正确，且每一步都要得到各行为主体的认可和同意，才能继续下一个流程的运行。

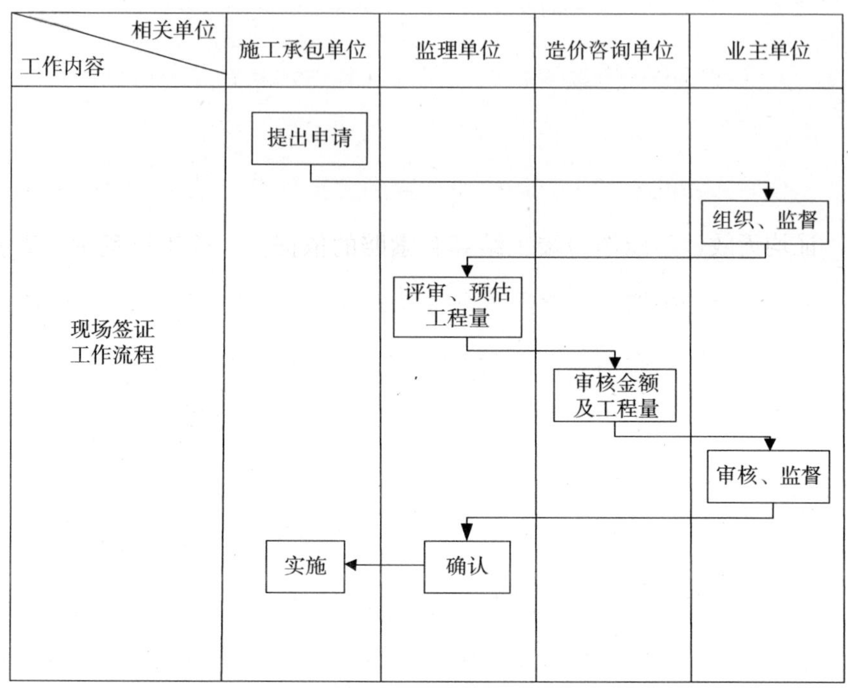

图 4-1　业主项目工程现场签证流程

4.1.4　注意事项

（1）现场签证手续办理要及时。在施工过程中，签证发生时应及时办理签证手续，如零星工作、零星用工等。对因施工时间紧迫，不能及时办理签证手续的，事后应及时督促监理单位等相关单位补办签证手续，避免工程结算时发生纠纷。

（2）加强现场工程签证的审核。在现场签证中，施工单位有可能提供与实际情况不符的内容及费用，如多报工程量、提供弄虚作假的签证等。因此，业主单位应首先要求监理单位严格审查，同时把好最后的审核关，避免出现施工单位的签证不实或虚假签证情况的发生。

（3）规范现场工程签证。建立现场工程签证会签制度，明确规定现场工程签证必须由业主单位、监理单位、施工单位和造价咨询单位共同签认才能生效，必要时需委托方签认，缺少任何一方的签证均无效，不能作为竣工结算和索赔的依据。在施工过程中，委托方有可能提出增加建设内容或提高建设标准，须经委托方进行签认。

（4）客观准确地描述现场签证内容。正确真实地描述现场签证，可有效地避免工程结算纠纷的产生。一般施工现场发生的签证，主要包括土方开挖时的签证、设计变更造成的签证、非施工单位原因造成的停工损失、建设单位供料不及时或不合格给施工单位造成的损失、工程项目以外的零星用工签证等等。对于发生的施工现场签证必须写明时间、地点、事由，标明几何尺寸或原始数据，拆除原建筑物或部分拆除时，能画图表示的尽量绘图，标明几何尺寸，文字部分的叙述也要清楚；由于建设单位的责任所造成的停水、停电超过《建设工程施工合同示范文本》规定范围的签证，要将在此期间工地所使用的机械停滞台班、人工停窝工以及周转材料的使用量填写清楚。凡是施工现场签证涉及增减工程造价费用的，应当要求施工单位提供现场施工方案、材料用量的详细情况和组成价格清单，做出预算或估算，报送建设单位和监理工程师确认。

（5）严把现场签证手续关。建设单位实施一个建设项目时，应确定现场签证的管理程序，明确责任、明确签证占总造价的额度，明确签证由谁签字有效，盖哪个章有效。做到分级把关，限额签证。这样做，既能避免工程师只管签证，不算经济账的现象，又能促进工程师提高业务素质和工作态度。一方面工程师要熟悉掌握工程造价管理、预结算及合同文件和有关规定，防止对不应该签证的项目盲目签证；另一方面工程师还要深入施工现场及时了解情况，认真核实现场签证，维护建设单位的利益，防止施工单位弄虚作假，以少报多，乱签证。

（6）充分发挥工程造价审计对现场签证的结算控制作用。一般工程造价咨询公司都具有施工经验及造价经验丰富的专业技术人员，他们侧重于审查现场签证是否按照规定程序审批，分析现场签证发生的原因和责任，核实现场签证的工程内容和工程量计量是否真实、合法，以及确定现场签证的计价方法是否符合招标文件、合同和其他计价文件的规定。工程造价咨询公司从第三方中介机构的立场出发，本着客观、公正的态度，既要维护建设单位的利益，又不能损害施工单位的利益。同时，也给建设双方提供了一个对有关问题互相解释、澄清的机会，保障了双方的合法权益，维护了建设市场的公平和公正。

4.2 工程变更

工程变更包括由设计变更导致的工程量变更及工程项目的增减、进度计划变更、施工条件变更等。在工程项目施工过程中，由于各种原因，经常出现工程变更和合同争执等许多问题。这些问题的产生，一方面是由于勘察设计疏漏，导致在施工过程中发现设计没有考虑或考虑不周的施工项目，不得不补充设计或变更设计；另一方面是由于发生不可预见的事故，如自然或社会原因引起的停工和工期拖延等。由于工程变更所引起的工程量变化、施工单位索赔等，都有可能使工程项目投资超出投资控制目标，业主单位必须重视工程变更及其价款的管理。

工程项目变更管理主要对工程变更资料的审查，审查的重点包括审查变更理由的充分性、变更程序的正确性、变更估价的准确性。

4.2.1　工程变更控制点

业主单位在进行工程变更管理过程中，建立严格的审批制度和审批程序，防止任意提高设计标准，改变工程规模，增加工程投资，切实把投资控制在控制目标范围内。

业主单位进行工程变更管理的控制点：

控制点一：审查变更理由的充分性

业主单位对施工单位提出的变更，应严格审查变更的理由是否充分，防止施工单位利用变更增加工程造价，减少自己应承担的风险和责任。区分施工方提出的变更是技术变更，还是经济变更，对其提出合理降低工程造价的变更应积极支持。

业主单位对设计单位提出的设计变更应进行调查、分析，如果属于设计粗糙、错误等原因造成的，根据合同追究设计责任。

业主单位对于委托方提出的设计变更，若因不能满足使用功能或在投资可能的前提下提高设计标准经分析可以变更。应及时做好文字记录，收集相关变更资料；对施工单位提出的变更应严格审查，防止其利用变更增加工程造价，同时也要对其提出的合理降低工程造价的变更予以确认。

控制点二：审查变更程序的正确性

业主单位审查承包单位提出变更程序的正确性，应按照双方签订合同对变更程序的要求进行审查。如果合同中没有规定，则根据《建设工程价款结算暂行办法》（财建［2004］369号）中的规定，在审查过程中主要应注意四个关键环节：

（1）施工中发生工程变更，承包单位按照经发包人认可的变更设计文件，进行变更施工，其中，政府投资项目重大变更，需按基本建设程序报批后方可施工。

（2）在工程设计变更确定后14天内，设计变更涉及合同价款调整的，由承包单位向发包人提出，经发包人审核同意后调整合同价款。

（3）工程设计变更确定后14天内，如承包单位未提出变更工程价款报告，则发包人可根据所掌握的资料决定是否调整合同价款和调整的具体金额。重大工程变更涉及工程价款变更报告和确认的时限由双方协商确定。

（4）收到变更工程价款报告一方，应在收到之日起14天内予以确认或提出协商意见，自变更工程价款报告送达之日起14天内，对方未确认也未提出协商意见时，视为变更工程价款报告已被确认。

控制点三：审查变更估价的准确性

在工程变更管理过程中，业主单位对工程变更估价的处理应遵循以下原则：

（1）合同中已有适用于变更工程的价格，按合同中已有价格变更合同价款；

（2）合同中只有类似于变更工程的价格，可以参照类似价格变更合同价款；

（3）合同中没有适用或类似于变更工程的价格，由施工单位提出适当的价格，经监理工程师确认后执行；

（4）合同中另有约定的，按约定执行。

对于工程项目，按照一般规定在合同中没有适用或类似于变更的价格由施工单位提出适当的变更价格，经监理工程师确认后执行。业主单位为了有效控制投资，在施工合同专用条款中对上述条款进行修改，在合同没有适用或类似于变更的工程价格由施工单位提出适当的变更价格，经监理工程师审核后，报造价咨询单位和业主单位进行审核，必要时报委托方审批。若施工单位对业主单位最后确认的价格有异议，而又无法套用或无法参考相关定额的，由业主单位、监理单位和施工单位共同进行市场调研，力争达成共识。对涉及金额较大的项目，由业主单位、施工单位、监理单位和造价咨询单位等相关方共同编制补充定额，报工程造价管理部门审批，确定变更工程价款。

由于设计单位设计水平粗糙、设计错误造成的设计变更，业主单位应进行详细的分析和审核，并追究设计人员的相关责任；业主单位提出的设计变更方案应经过相关人员的测算、比选，并将比选结果报送至公司领导做决策参考；经确认的工程变更，引起工程造价变化的，由承包人向业主单位提出，业主单位进行审核，同意后调整工程价款；设计变更确认后，若承包人未在规定时间内提出变更工程价款报告，业主单位可根据资料确定调整合同价款的具体金额。重大变更涉及的工程价款变更报告和确认的实现应由业主单位和承包人协商确定。

控制点四：提出审核意见、签认变更报价书

（1）业主单位审查同意承包商的要求，若委托方授权业主单位，则可以直接签认；若委托方未授权，则需报委托方签认。

（2）业主单位审查未同意承包商的要求，则需要注明变更报价书上的错误、委托方未同意的原因、委托方提出的变更价款调整方案，报监理工程师审阅。

收到变更报告，业主单位应在规定时间内予以确认或提出协商意见。

4.2.2 工程变更控制点管理依据

工程变更是施工阶段费用增加的主要途径，业主单位必须重视工程变更管理，主要依据：

（1）国家、行业、地方有关技术标准和质量验收规范及规定等；

（2）《建设工程工程量清单计价规范》（GB 50500—2013）；

（3）发承包施工合同；

（4）施工图纸；

（5）人工、材料、机械台班的信息价以及市场价格；

（6）变更通知书及变更指示；

（7）计量签证。

4.2.3 工程变更控制点管理程序

工程变更对工程项目建设产生极大影响，业主单位应从工程变更的提出到工程变更的完成，再到支付施工承包商工程价款，对整个过程的工程变更进行管理。工程变更管理的程序如图 4-2 所示。

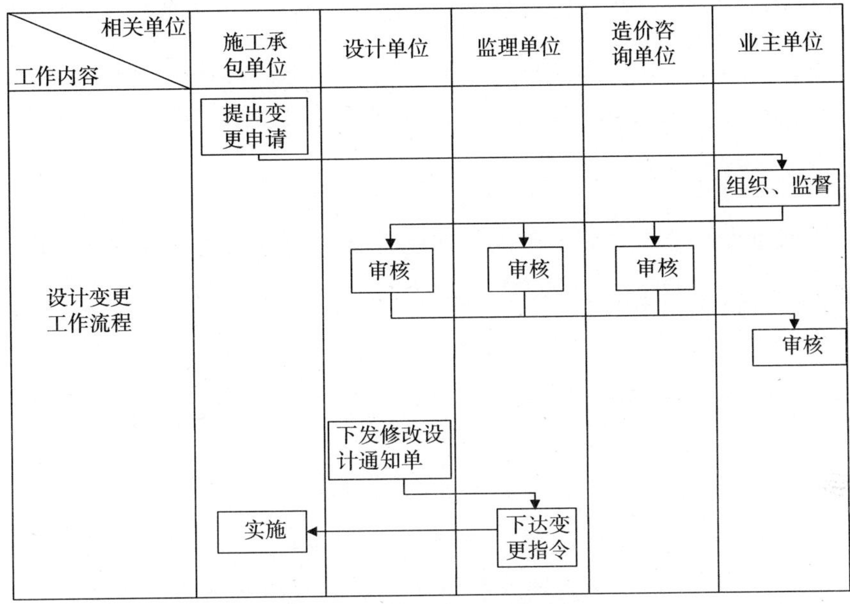

图 4-2　工程设计变更管理程序

4.2.4　注意事项

在建设项目施工过程中，要控制好工程造价，节省项目投资，合理实施工程变更往往会收到很好的经济效果。工程变更往往会带来工程内容的增减和施工工序的改变，从而也常常会影响项目的投资，造成工程费用的增加。为此，监理人员应建立一套严格的工程变更审批制度，对于必需的工程变更，不管是来自于业主、设计单位还是施工单位，均必须首先通过监理工程师，由监理工程师会同业主、设计单位和施工单位共同签证，确定工程变更的价格和条件，并由设计单位发出相应的图纸和说明后方可实施变更。其次，在工程施工过程中，监理人员要经常性地同业主、设计单位和施工单位进行沟通，弄清业主的要求，理解设计的意图，掌握施工的动态，寻找投资挖潜的突破口，积极主动地提出合理的工程变更，尽量为业主节约工程投资。针对工程变更的普遍性以及它对于工程投资的影响的重要性，提出在工程变更中应该从以下几个方面入手把握工程造价控制策略：

第一，必须严格把关工程变更的原因。在实施工程变更前必须弄清工程变更的根源在哪里，是否为非变更不可，是否有其他替代方案等。工程变更的提出分为两种，第一种为有必要变更的，如政策影响或者业主要求的建筑设计功能的改变或工程内容的增减，另一种有可变可不变的，如建设材料、非强制性的工期变更等。在是否变更的问题上应多听取设计部门和专家的意见，对于必须变更的，一定要坚持变更；而对于有必要变更的一定要在充分论证的基础上，实行集体决策，征集专家意见。对于可变可不变的，考虑成本和工期的基础上一般应坚持不变。在工程量清单计价下，切忌变更随意性导致带来工程损失。

第二，为了控制工程变更的人为因素主要源头，应该从设计阶段把握工程造价控制。工程设计是影响和控制工程造价的关键环节，它对降低工程造价起着决定性的作用，技术先进、经济合理的设计对项目建设缩短工期、节省投资、提高效益起着重要的作用，设计阶段是确定与控制工程造价的重点阶段，加强对设计阶段的工程造价控制，对于建设项目管理全局有着极其重要的意义。由于设计单位的最终产品是施工图设计，所以需要加强对此环节的重视，施工图设计必须严格按批准的初步设计确定的原则、范围、内容、项目和投资额进行。施工图设计阶段限额设计的重点应放在工程量控制上，控制工程量采用审定的初步设计工程量，控制工程量一经审定，即作为施工图设计工程量的最高限额，不得突破，不得随意变更。

第三，强化工程各方和工程造价师在工程变更中的作用。首先业主应从设计、编标开始按系统的要求建立数据库档案，设计中应按系统的要求计算工程量并记录工程量。其次作为工程变更的重要控制人员，建设监理和造价工程师应严格核查工程变更，保证总投资限额不被突破。在施工中，经常会碰到由于设计工作不细致，或发生不可预见的事故及其他原因，进行工程变更的问题。因此，在很大程度上，对工程变更的控制成了施工阶段投资控制的关键。造价工程师应从使用功能、经济、美观的角度协助业主确定是否需要进行工程变更。在保证变更目的地情况下，尽量用价格低的材料代替价格高的材料。造价工程师必须依据工程变更内容认真核查工程量清单和估算工程变更价格，进行技术经济分析比较，检查每个子项单价、数量和金额的变化情况，按照承包合同中工程变更价格的条款确定变更价格，计算该项工程变更对总投资额的影响。

4.3 暂 估 价

《建设工程工程量清单计价规范》（GB 50500—2013）第 2.0.19 条规定：暂估价为招标人在工程量清单中提供的用于支付必然发生但暂时不能确定价格的材料的单价以及专业工程的金额。《标准施工招标文件》（发改委［2007］第 56 号令）的 1.1.5.5 对暂估价的概念定义为发包人在工程量清单中给定的用于支付必然发生但暂时不能确定价格的材料、设备以及专业工程的金额。两者定义基本一致。"暂估价"是在招标阶段预见肯定要发生，只是因为标准不明确或者需要由专业承包人完成，暂时又无法确定具体价格时采用，其内容包括材料、工程设备暂估价以及专业工程暂估价。

1. 材料、工程设备暂估价

材料包括原材料、燃料、构配件以及按规定应计入建筑安装工程造价的设备，一般是指材料（设备）含采购保管费、损耗及运输费的价格。

2. 专业工程暂估价

专业工程的暂估价一般应是综合暂估价，应当包括除规费和税金以外的管理费、利润等。总承包招标时，专业工程设计深度往往是不够的，一般需要交由专业设计人设计，由于提高可建造性考虑，国际上惯例，一般由专业承包人负责设计，以发挥其专业技能和专业施工经验的优势。这类专业工程交由专业分包人完成是国际工程的良好实践，目前在我国工程建设领域也已经比较普遍。公开透明、合理地确定这类暂估价的实际开支金额的最佳途径就是通过施工总承包人与工程建设项目招标人共同组织招标。

材料设备暂估价、专业暂估价确定应合理，不宜太高，也不应太低，且暂估的内容应明确。材料设备暂估价、专业暂估价应列出明细表。不计入建筑安装工程造价的设备，不应计入工程量清单中，更不应作为暂估价。工程实践中，为解决设备安装工程与施工总承包单位的工作界面交接，常将设备的安装工程费用作为暂估价，计入工程量清单。

4.3.1 暂估价控制点

控制点一：施工阶段确认暂估价供应商的方式

暂估价是在工程招标阶段由发包人暂定的，在实施阶段还要经过发承包双方招标选择供应商，确定材料、设备及专业工程的价格。根据材料、设备及专业工程包括依法必须招标和依法不需招标两种情况，选择供应商的方式一般包括以下几种方式：（1）公开招标；（2）邀请招标；（3）竞争性谈判；（4）单一来源采购；（5）询价；（6）国务院政府采购监督管理部门认定的其他采购方式。

1. 依法必须招标的材料、工程设备和专业工程

依法必须招标的一般情况下采用公开招标的方式，也可以采用邀请招标方式和询价方式。

（1）以公开招标方式选择供应商，应由发包人和承包人共同选择供应商，基本方法与招标选择施工单位相同，包括以下几个步骤：①招标单位主持编制招标文件，招标文件应包括招标公告、投标者须知、投标格式、合同格式、货物清单、质量认证标准及必要的证件及附件；② 刊登招标广告；③对投标单位进行资格预审（需要时）；④ 投标单位购买标书；⑤投标报价；⑥ 开标、评标、确定中标单位；⑦签订合同；⑧承包人办理价格确认单。

（2）采用邀请招标方式时，发承包单位应遵守下列步骤：①选择 3 家以上具备承担招标项目能力、资信良好的材料设备生产厂家或者其他组织发出投标邀请函；②向预选单位说明采购货物的品种、规格、数量、质量、交货时间、供货方式等情况，请他们参加投标竞争；③被邀请的单位同意参加投标后，从招标单位获取招标文件，按规定要求进行投标报价；④发承包双方组织评标人员，进行评标，确定中标人；⑤办理价格确认单。

（3）询价方式确定供应商时，发承包单位可以遵循以下步骤：

①成立询价小组。询价小组由采购人的代表和有关专家共三人以上的单数组成，其中专家的人数不得少于成员总数的三分之二。询价小组应当对采购项目的价格构成和评定成交的标准等事项做出规定。②确定被询价的供应商名单。询价小组根据采购需求，从符合相应资格条件的供应商名单中确定不少于三家的供应商，并向其发出询价通知书让其报价。③询价。询价小组要求被询价的供应商一次报出不得更改的价格。④确定成交供应商。采购人根据符合采购需求、质量和服务相等且报价最低的原则确定成交供应商，并将结果通知所有被询价的未成交的供应商。⑤办理价格确认单。

2. 依法不需要招标的材料、设备及专业工程

依法不需要招标的材料、设备及专业工程，应由承包人提供。承包人可以采用竞争性谈判方式或单一来源采购方式选择工程所需材料、设备或专用工程的。

（1）采用竞争性谈判方式选择供应商应遵循下列程序：①成立谈判小组。谈判小组由采购人的代表和有关专家共三人以上的单数组成，其中专家的人数不得少于成员总数的三分之二；②制定谈判文件。谈判文件应当明确谈判程序、谈判内容、合同草案的条款以及评定成交的标准等事项；③确定邀请参加谈判的供应商名单。谈判小组从符合相应资格条件的供应商名单中确定不少于三家的供应商参加谈判，并向其提供谈判文件；④谈判。谈判小组所有成员集中与单一供应商分别进行谈判。在谈判中，谈判的任何一方不得透露与谈判有关的其他供应商的技术资料、价格和其他信息。谈判文件有实质性变动的，谈判小组应当以书面形式通知所有参加谈判的供应商；⑤确定成交供应商。谈判结束后，谈判小组应当要求所有

参加谈判的供应商在规定时间内进行最后报价。采购人从谈判小组提出的成交候选人中根据符合采购需求、质量和服务相等且报价最低的原则确定成交供应商，并将结果通知所有参加谈判的未成交的供应商；⑥办理价格确认单。

（2）采取单一来源方式采购的，在保证采购项目质量和双方商定合理价格的基础上进行采购。在公开招标方式中，发承包双方的权利和义务要在专用合同条款中约定，双方应约定编制招标文件的组织方式（某一方编制招标文件或双方代表共同编制招标文件）、双方参与评标的人员组成、价差调整方式、风险分担幅度等。

承包人提供设备、材料、专业工程时，承包人必须按设计图纸的技术要求和有关标准要求及招标文件要求的档次进行采购，采购材料、设备的规格、质量不符合要求时，应按照监理人要求的时间运出施工场地，重新购买。施工中使用了不符合质量及施工技术要求的材料、设备时，应按照监理人的指示拆除已建工程，并重新采购材料，设备进行重建，费用由承包人承担。

控制点二：确定暂估价实际支出的方式

在工程招标阶段已经确定的材料、工程设备或专业工程项目，但无法在当时确定准确价格，而可能影响招标效果的，可由发包人在工程量清单中给定一个暂估价。确定暂估价实际开支分三种情况：

1. 依法必须招标的材料、工程设备和专业工程

发包人在工程量清单中给定暂估价的材料、工程设备和专业工程属于依法必须招标的范围并达到规定的规模标准的，由发包人和承包人以招标的方式选择供应商或分包人。发包人和承包人的权利

义务关系在专用合同条款中约定。根据中标金额确认的价格与工程量清单中所列的暂估价的金额差以及相应的税金等其他费用列入合同价格。

2. 依法不需要招标的材料、工程设备

发包人在工程量清单中给定暂估价的材料和工程设备不属于依法必须招标的范围或未达到规定的规模标准的，应由承包人提供。经发包人、监理人确认的材料、工程设备的价格与工程量清单中所列的暂估价的金额差以及相应的税金等其他费用列入合同价格。

3. 依法不需要招标的专业工程

发包人在工程量清单中给定暂估价的专业工程不属于依法必须招标的范围或未达到规定的规模标准的，由监理人按照合同约定的变更估价原则进行估价。经估价的专业工程与工程量清单中所列的暂估价的金额差以及相应的税金等其他费用列入合同价格。

4.3.2 暂估价控制点管理依据

咨询工程师在进行项目的暂估价确认与调整的过程中，应依据的主要资料为：

（1）项目可行性研究报告；

（2）工程量清单；

（3）发承包双方签订的施工合同；

（4）材料、设备购置单；

（5）造价管理机构发布的造价信息；

（6）其他相关证明材料。

4.3.3 暂估价控制点管理程序

1. 暂估价确认程序

第一，在招标时暂估价由招标人提供暂估价表，包括材料暂估价表和专业工程暂估价表，并在备注栏说明暂估价的材料拟用在哪些清单项目上，投标人应将材料暂估单价及专业工程暂估价计入投标报价中。

第二，在施工过程中，承包人首先要提出对暂估价中的材料及专业工程的需求数量；然后报送业主，经审核同意或双方商议后组织采购，按照相关招投标法规的规定，依法必须进行招标的必须组织招标，不需进行招标的可自行进行采购；最后由招标人与材料及专业工程供应商签订采购合同，确定采购价格。

2. 暂估价调整程序

按照暂估价在清单中的组成可知：暂估价的调整也包括材料暂估价的调整和专业工程暂估价的调整，两者的具体调整数额在实际工程中有所不同，其中专业工程不需要计算数量，其调整数额=(实际确认价格－招标时暂估价格)×(1＋税金)。而材料暂估价的调整数额将需要计算材料使用数量已确定总额，其调整数额=(实际确认价格－招标时暂估价格)×材料数量×(1＋税金)。同时，需要注意的内容为确认价格应与暂估价包含的内容一致，否则应调整一致后再按上述公式进行计算。虽然两个部分的具体计算方法有所不同，但在调整程序上两者是相同的，具体的调整程序如图 4-3 所示。

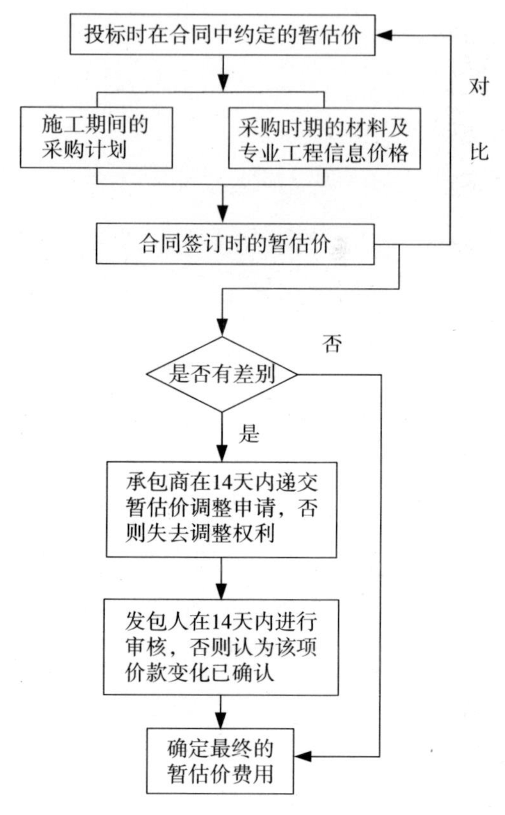

图 4-3　暂估价调整程序

4.3.4　注意事项

1. 慎重确定以暂估价进行计取的项目范围

暂估价格是招标人在施工招标阶段针对那些必然发生的但暂时不能确定价格的材料、设备及专业分包工程项目所采取的不得已的计取方式，并不是所有的工程量清单项目都适合用暂估价格进行计取。符合下列条件之一的项目可以采用暂估价格的方式进行计取。

（1）材料设备以暂估价计取的项目

在施工招标阶段无法确定确切的品牌、规格及型号，且同类产品在品质、性能及价格等要素上存在较大差异，招标人出于保证所建工程的质量及使用效果考虑，需要对上述要素进行控制的材料及设备。

（2）专业工程以暂估价计取项目

在施工招标阶段，施工图的局部设计深度还不能完全满足施工需要，需要由专业单位对原图纸进行深化设计后，才能确定其规格、型号和价格的成套设备或分包工程；某些总承包单位无法自行完成，需要通过分包的方式委托专业公司完成的分包工程。

对于不符合上述条件的材料、设备，如果招标人确需对其品质、性能等要素进行控制的，还是应当在充分市场调研的基础上，在招标文件中明确指定其品牌、型号等内容。

2. 要根据实际情况，确定合理的暂估价格计取方式

招标人在确定暂估价格的计取方式时，应当结合所建工程的实际情况、暂估价格的结算调整办法等方面因素，本着鼓励投标人之间进行公平、有序竞争的原则，确定最为合理的汲取方式。最常用的暂估价格的计取方式有以下几种：

（1）仅以单纯的材料价格进行计取的暂估价格。适用于那些为了方便投标施工企业组价，需要纳入分部分项工程量清单项目综合单价中的材料价格。

（2）以综合单价进行计取的暂估价格。适用于那些在施工招标阶段图纸设计深度不够，需要进行专业深化设计，但是可以准确计算其工程量的专业分包工程。

（3）以综合总价进行计取的暂估价格。适用于那些在施工招标阶段图纸设计深度不够，需要进行专业深化设计，并且不能准确计算其工程量的专业分包工程，以及大型设备的采购及安装工程。

3. 招标人确定的暂估价应相对准确

招标人在确定暂估价的金额时，应当以所建工程的《可行性研究报告》等报建资料为基础，根据工程造价信息或参照市场价格进行估算，其中专业工程金额应分不同专业按有关计价规定计算。暂估价格的金额以不超过《可行性研究报告》等基础资料列明的相关项目投资额（或综合单价）为宜，但也不宜估算过低。考虑市场价格波动因素，招标人可以在施工招标同期的工程造价信息或市场价格低于《可行性研究报告》等基础资料列明的相关项目投资额（或综合单价）的基础上适当上浮暂估价的金额，以避免实际结算中由于暂估价估算过低而造成工程造价超出工程概算现象的发生，其上浮比例以不超过同期市场价格的10%，对于建设周期长的大型建筑，该上浮比例还可以略有放松。

4. 对承包人供给材料费用的及时审核

对于材料、设备、专业工程不属于依法必须招标的范围或规定的规模标准，由承包人提供的，监理人必须对将各项材料、工程设备的供货人及品种、规格、数量、价格和供货时间，专业分包人的详细情况及分包工程费用报送监理人审批，经监理人确认才能计入价款调整内容，防止承包人故意抬高暂估材料、工程设备、专业工程价格谋取利润。

5. 严格施工过程中暂估价变更签证

暂估价材料（设备）价格确认签证单是按实结算的依据，因此，价格确认签证应做到要素完整规范，内容详细真实，签字齐全及时，按规定需报批或报跟踪审计的，应及时报批报审，确保签证有效，不留尾巴。

6. 对暂估价的调整应附带相关费用

在对暂估价进行调整时，应将暂估价的金额差以及相应的规费、税金等其他费用计入价款调整的范围内。

4.4 索赔费用

4.4.1 索赔费用控制点

业主单位对于施工过程中索赔费用管理，主要包括：

（1）索赔的预防，做好日常施工记录，为可能发生的索赔提供证据；

（2）索赔费用的处理，包括索赔费用的计算及索赔审批程序。

控制点一：索赔的预防

业主单位通过工程投资计划的分析，找出项目最易突破投资的子项和最易发生费用索赔的因素，考虑风险的转移，制定具体防范对策。例如：在编制招标文件和施工承包合同时，应有索赔的意识，杜绝承包合同不完善而引起的索赔，从而导致工程费用增加。此外，业主单位应严格审查施工单位编制的施工组织设计，对于主要施工技术方案进行全面的技术经济分析，防止在技术方案中出现投资增加的漏洞。

控制点二：索赔费用的处理

业主单位应严格审批索赔程序，组织监理工程师进行有效的日常工程管理，切实认真做好工程施工记录，同时注意保存各种文件图纸，为可能发生的索赔处理提供依据。当索赔发生后，要迅速妥当处置。根据收集的工程索赔的相关资料，迅速对索赔事项开展调查，分析索赔原因，审核索赔金额，并征得委托方意见后负责与施工单位据实妥善协商解决。

4.4.2 索赔费用控制点管理依据

业主单位进行索赔费用处理时，主要依据：

（1）国家和省级或行业建设主管部门有关工程造价、工期的法律、法规、政策文件等；

（2）招标文件、工程合同、经认可的施工组织设计、工程图纸、技术规范等；

（3）工程各项来往的信件、指令、信函、通知、答复等；

（4）工程各项有关的设计交底、变更图纸、变更施工指令等；

（5）工程各项经监理人签认的签证及变更通知等；

（6）工程各种会议纪要；

（7）施工进度计划和实际施工进度表；

（8）施工现场工程文件；

（9）工程有关施工部位的照片及录像等；

（10）工程现场气候记录，如有关天气的温度、风力、雨雪等；

（11）建筑材料和设备采购、订货运输使用记录等；

（12）工地交接班记录及市场行情记录等。

4.4.3 索赔费用控制点管理程序

当业主单位未能按合同约定履行自己的各项义务或工作失误，以及应由业主单位承担责任的其他情况，造成施工单位的工期延误和（或）经济损失，按照国家有关规定和施工合同的要求，施工单位可按程序向业主单位进行索赔，其索赔流程如图 4-4 所示。

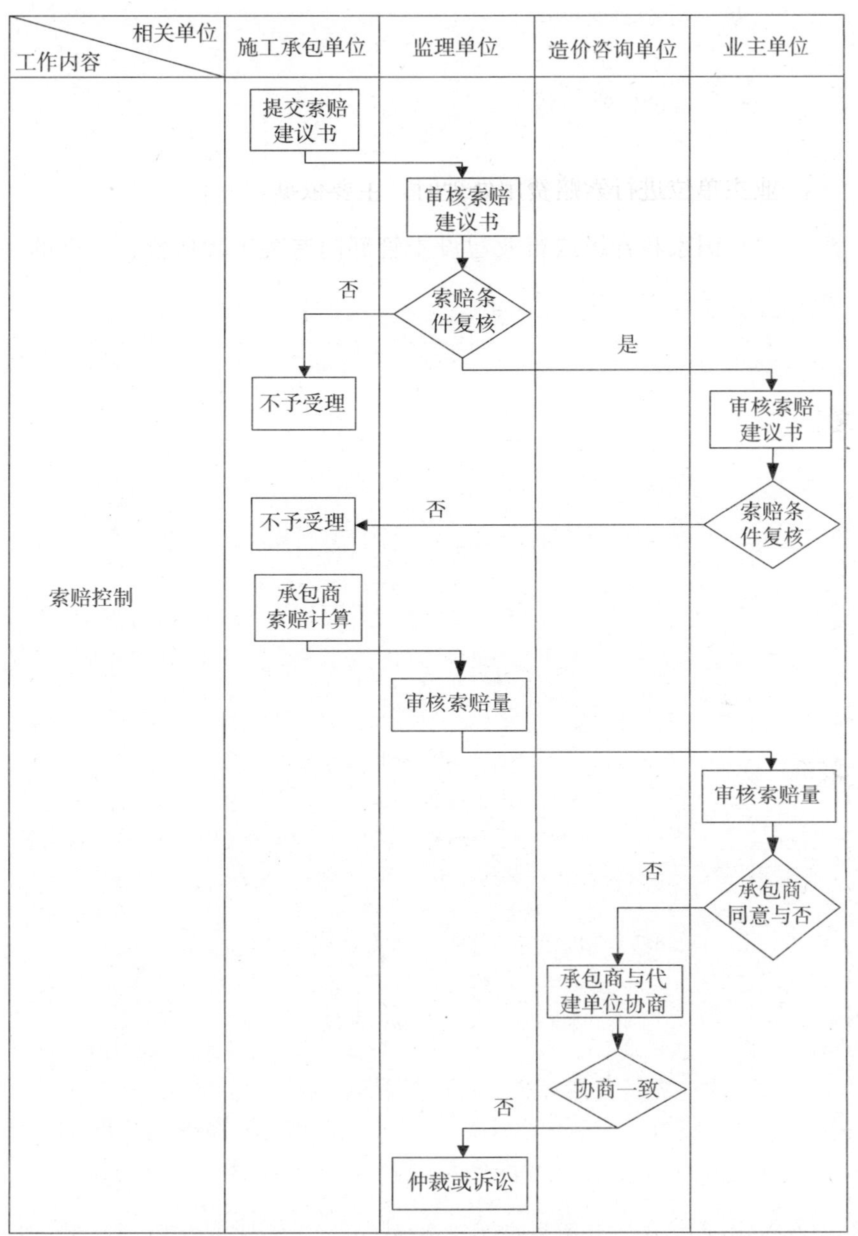

图 4-4　业主单位对施工单位索赔处理程序

4.4.4 索赔费用控制点管理方法

1. 收集索赔原始资料

索赔原始资料证据的准备程度决定了索赔能否成功。因此，业主单位对于原始证据的收集整理尤为重要。索赔资料的收集如表 4-1 所示。

表 4-1　　索赔资料收集一览表

类型＼内容	收集资料内容	
签订合同阶段资料	招标文件	招标文件中约定的工程范围更改、施工技术更换、现场水文地质情况的变化以及招标文件中的数据错误等均可导致索赔
	投标文件	投标文件是索赔重要的依据之一，尤其是其中的工程量清单和进度计划将是费用索赔和工期索赔的重要参考依据
	工程量清单	工程量清单也是索赔的重要依据之一，在工程变更增加新的工作或处理索赔时，可以从工程量清单中选择或参照工程量清单中的单价来确定新项目或者索赔事项的单价或价格
	计日工表	包括有关的施工机械设备、常用材料、各类人员相应的单价、作为索赔施工期间业主指令要求承包商实施额外工作所发生费用的依据
	合同条件	包括双方签订的合同与所使用的合同范本两部分，合同中又包括合同协议书、通用合同条件，专用合同条件，规范要求、图纸、其他附件等
施工阶段资料	往来信函	监理的工程变更指令、口头变更确认函、加速施工指令、工程单价变更通知、对承包商问题的书面回答等

续表

类型\内容	收集资料内容	
施工阶段资料	会议纪要	标前会议纪要、工程协调会议纪要、工程进度变更会议纪要、技术讨论会议纪要、索赔会议纪要等，并且会议纪要上必须有双方负责人的签字
	现场记录	施工日志、施工检查记录、工时记录、质量检查记录、施工机械设备使用记录、材料使用记录、施工进度记录等。重要的记录如：质量检查、验收记录、还应有业主或其代表的签字认可
	现场气象记录	每月降水量、风力、气温、河水位、河水流量、洪水位、洪水流量、施工基坑地下水状况、地震、泥石流、海啸、台风等特殊自然灾害的记录
	工程进度计划	批准的进度计划、实际的进度计划
	工程财务记录	工程进度款每月的支付申请表、工人劳动计时卡（或工人工作时间记录）、工资单、设备材料和零配件采购单、付款收据、工程开支月报等
	索赔事件发生时现场的情况	描述性文件、工程照片及声像资料，各种检查检验报告和技术鉴定报告
其他资料	相关法律与法规	招标投标法、政府采购法、合同法、公司法、劳动法、仲裁法及有关外汇管理的指令、货币兑换限制、税收变更指令及工程仲裁规则等
	市场信息资料	当地当时的市场价格信息、价格调整决定等价格变动信息、当地政府、行业建设主管部门发布的工程造价指数、物价指数、外汇兑换率（如果有）等市场信息
	先例与国际惯例	以前处理此类索赔问题的先例、处理此类索赔问题的国内、国际惯例，所谓惯例是指在事件中逐渐形成的不成文的准则，是一种不成文的法律规范，最初只被一些国家（地区）使用，后来被大多数国家（地区）接收，成为公认的准则

2. 索赔费用的计算

(1) 总费用法

总费用法是指发生了多起索赔事件后，重新计算该工程的实际总费用，再减去原合同价，其差额即为承包商索赔的费用。

计算公式：索赔金额＝实际总费用－投标报价估算费用

但这种方法对业主单位不利，因为实际发生的总费用中可能有承包商的施工组织不合理因素；承包商在投标报价时为竞争中标而压低报价，中标后通过索赔可以得到补偿。

(2) 修正总费用法

修正总费用法即在总费用计算的原则上，去掉不合理的费用，使其更合理。修正的内容包括：①计算索赔款的时段仅局限于受到外界影响的时间；②只计算受影响时段内的某项工作所受影响的损失；③对投标报价费用重新进行核算：按受影响时段内该项工作的实际单价进行核算，乘以实际完成的该项工作的工程量，得出调整后的报价费用。

计算公式：索赔金额＝某项工作调整后的实际总费用－该项工作的报价费用

(3) 分项计算法

分部分项法即按照各种索赔事件所引起的费用损失，分别计算索赔款。这种方法比较科学、合理，同时方便业主单位审核索赔款项，但计算比较复杂。分项计算方法如表 4-2 所示。使用这种方法计算索赔款时，应先分析干扰事件引起的费用索赔项目，然后计算各费用项目的损失值，最后加以汇总。

表 4-2　　分项计算索赔费用方法

<table>
<tr><th></th><th>工程量增加</th><th>窝　工</th></tr>
<tr><td>人工费</td><td>预算单价×增加量</td><td>窝工费×窝工时间</td></tr>
<tr><td>材料费</td><td colspan="2">实际损失材料量×原单价×调值系数</td></tr>
<tr><td>机械台班费</td><td>预算单价×增加量</td><td>(自有)折旧费×时间；
(租赁)租金×时间</td></tr>
<tr><td>管理费</td><td>(合同价款/合同工期)×费率×延误天数</td><td>一般情况下不考虑</td></tr>
<tr><td>总部管理费</td><td>①按照投标书中总部管理费的一定比例计算：总部管理费＝合同中总部管理费比率×(直接费索赔款额＋现场管理费索赔款额等)
②按照公司总部统一规定的管理费比率计算：总部管理费＝公司总部管理费比率×(直接费索赔款额＋现场管理费索赔款额等)
③以工期延长的总天数为基础，计算总部管理费索赔的总部管理费＝该工程的每日管理费×工程延期的天数</td><td></td></tr>
<tr><td>利润</td><td>(合同价款/合同工期)×利润率×变更天数</td><td>一般情况下不考虑</td></tr>
<tr><td>利息</td><td>利息＝计息基数×约定的利率</td><td>一般情况下不考虑</td></tr>
</table>

4.4.5　注意事项

（1）此项索赔是否具有合同依据、索赔理由是否充分及索赔论证是否符合逻辑。

（2）索赔事件的发生是否存在施工单位的责任，是否有施工单位应承担的风险。

（3）在索赔事件初发时，施工单位是否采取了控制措施。据国际惯例，凡遇偶然事故发生影响工程施工时，施工单位有责任采取力所能及的一切措施，防止事态扩大，尽力挽回损失。如确有实证证明施工单位在当时未采取任何措施，业主可拒绝其补偿损失的要求。

（4）施工单位是否在合同规定的时限内向业主和监理工程师报送索赔意向通知书。

4.5 价格调整

在实际工程建设过程中，能够引起价格调整的因素主要为：法律法规的变化和物价的波动这两个方面。

4.5.1 价格调整控制点

控制点一：收集资料

在审查承包商提交的工程价款调整报告前，首先应收集相关的资料，主要包括投标与签订合同的资料、施工过程中的实际价格资料、其他价格信息资料等三个方面如表4-3所示：

表4-3　收集资料一览表

类型＼内容	收集资料内容
投标与签订合同的资料	双方签订的施工合同中总合同价款、每一项工程合同价款及关于价款调整的规定
	工程量清单
	投标文件中对综合单价或人工、材料、机械设备等的报价
	投标文件附录中的价格指数和权重表约定的数据
施工过程中的实际价格资料	承包商现场各类人员、材料、施工机械设备相应的单价记录表或台账
其他价格信息资料	当地当时的市场价格信息、价格调整决定等价格变动信息
	当地政府、行业建设主管部门发布的工程造价指数、物价指数、外汇兑换率（如果有）等市场信息

控制点二：审查价款调整程序的正确性

首先应审查承包商进行价款调整程序的正确性，应根据双方签订的合同中对价款调整程序的要求进行审查，承包商未按规定时间提交价款调整报告的，视为不涉及合同价款的调整。如果没有进行具体规定，则根据《建设工程价款结算暂行办法》中的规定，在审查过程中主要应注意两个关键环节：

（1）调整因素确定后 14 天内，由受益方向对方递交调整工程价款报告。受益方在 14 天内未递交调整工程价款报告的，视为不调整工程价款。

（2）收到调整工程价款报告的一方应在收到之日起 14 天内予以确认或提出协商意见，如在 14 天内未作确认也未提出协商意见时，视为调整工程价款报告已被确认。

控制点三：审查价款调整依据的合理性

1. 审查调整内容

首先应审查价款调整的内容，根据双方签订的合同类型，可以初步判断价款调整内容的范围，经初步确定调整内容后，再根据收集的资料以及施工中发生的实际情况，确定价款调整的具体范围如表 4-4 所示。

2. 审查调整依据

其次应审查价款调整的依据，即审查价款调整是否符合合同中规定的调整条件，在 FIDIC《施工合同条件》（1999 版），分别在以下条款中对价款调整作了规定，如表 4-5 所示。

表 4-4　　不同合同类型的一般调整范围一览表

合同＼条款		一般调整范围
单价合同	固定单价合同	物价波动超过一定比例，或工程量变化超过一定范围时，可以对单价进行调整
	可调单价合同	根据合同约定，在工程施工中物价发生变化，可做调整，因某些不确定性因素而在合同中暂定某些分部分项工程单价，在工程结算时可根据实际情况和合同约定调整
总价合同	固定总价合同	一般只对工程变更引起的价格变化进行调整，对物价波动不调整
	可调总价合同	如果在执行合同过程中由于通货膨胀引起供了成本增加达到某一限度时，合同总价应相应调整
成本加酬金合同		由业主承担全部风险，价格按实际发生费用调整

表 4-5　　工程价款调整一览表

合同规范＼条款	法律变化引起的调整	物价变化引起的调整
FIDIC 施工合同条件（1999）	13.7 因法律改变的调整	13.8 因成本改变的调整
《建设工程工程量清单计价规范》（GB 50500—2013）	9.2 法律法规变化	9.8 物价变化

控制点四：审查价款调整的计算合理性

1. 法律变化引起的调整

（1）审查时间

由法律变化引起的调整，必须是在基准日期之后，在基准日期前的法律变化带来的损失，由承包商负责。基准日期是指：招标工程以投标截止日前 28 天，非招标工程以合同签订前 28 天。

（2）审查法律变化引起的调整

主要审查国家的法律、法规、规章及政策发生变化，国家或省级、行业建设主管部门或其授权的工程造价管理机构发布的工程造价调整文件等对工程造价的影响，应注意国务院、国家发改委、财政部，省级人民政府或省级财政、物价主管部门在授权范围内的以政策文件的方式制定或调整行政事业性收费项目或费率等对合同价款的实际影响。

2. 对物价波动引起调整的审查

《建设工程工程量清单计价规范》（GB 50500—2013）中对物价波动引起的工程价款变化规定了两种调整方法，价格指数调整法和造价信息调整法，对于两种不同的方法均有其使用范围，审查时应注意方法应用是否合适。

（1）计算方法适用性的审查

首先要审查承包商因物价波动进行调价使用的计算方法的适用性，不同审查方法适用范围如表 4-6 所示。

表 4-6　　不同审查方法适用范围对比表

采用价格指数调整价格差额的审查	采用造价信息调整价格差额的审查
适用于使用的材料品种较少，但每种材料使用量较大的土木工程，如公路、水坝等工程	适用于使用的材料品种较多，每种材料相对使用量较小的房屋建筑与装饰工程

（2）审查采用价格指数调整价格差额

对于采用价格指数调整价格差额的方法，主要应审查价格调整的计算公式是否准确，根据《公路工程标准施工招标文件》(2009) 16.1款的规定，该调整计算公式为：

$$\Delta P=P_0\left[A+\left(B_1\times\frac{F_{t1}}{F_{01}}+B_2\times\frac{F_{t2}}{F_{02}}+B_3\times\frac{F_{t3}}{F_{03}}+\cdots+B_n\times\frac{F_{tn}}{F_{0n}}\right)-1\right]$$

式中

ΔP——需调整的价格差额；

P_0——进度付款证书、竣工付款证书、最终结清证书中承包商应得到的已完成工程量的金额。此项金额应不包括价格调整、不计质量保证金的扣留和支付、预付款的支付和扣回，约定的变更及其他金额已按现行价格计价的，也不计在内；

A——定值权重（即不调部分的权重）；

B_1，B_2，B_3，…，B_n——各可调因子的变值权重（即可调部分的权重）为各可调因子在投标函投标总报价中所占的比例，要求 $B_1+B_2+B_3+\cdots+B_n=1$；

F_{t1}，F_{t2}，F_{t3}，…，F_{tn}——各可调因子的现行价格指数，指进度付款证书、竣工付款证书和最终结清证书相关周期最后一天的前42天的各可调因子的价格指数；

F_{01}，F_{02}，F_{03}，…，F_{0n}——各可调因子的基本价格指数，指基准日期的各可调因子的价格指数。

其中，在审查过程中应注意以下几点：

①以上价格调整公式中的各可调因子、定值和变值权重，以及基本价格指数及其来源在投标函附录价格指数和权重表中约定。价格指数应首先采用有关部门提供的价格指数，缺乏上述价格指数时，才可采用有关部门提供的价格代替。

②在计算调整差额时得不到现行价格指数的，应暂用上一次价格指数计算，并在以后的付款中再按实际价格指数进行调整。

③变更导致原定合同中的权重不合理时，应由监理人与承包商和业主协商权重后再进行价格调整。

④由于承包商原因未在约定的工期内竣工的，则对原约定竣工日期后继续施工的工程，在使用价格调整公式时，应采用原约定竣工日期与实际竣工日期的两个价格指数中较低的一个作为现行价格指数。

(3) 采用造价信息调整价格差额的审查

对于采用造价信息调整价格差额，主要审查人工、机械使用费是否按照国家或省、自治区、直辖市建设行政管理部门、行业建设管理部门或其授权的工程造价管理机构发布的最新的人工成本信息、机械台班单价或机械使用费系数进行的调整；对需要调整价格的材料，需要审查材料单价和采购数，是否有监理人复核，监理人确认需调整的材料单价及数量才能作为调整工程合同价格差额的依据。

其中在审查过程中应注意以下几点：

①人工单价发生变化时，应按省级或行业建设主管部门或其授权的工程造价管理机构发布的人工成本文件调整工程价款。

②材料价格变化超过省级或行业建设主管部门或其授权的工程造价管理机构规定的幅度时应当调整，但承包商应在采购材料前就采购数量和新的材料单价报业主确认，如果业主在收到承包商报送的确认资料后 3 个工作日内不予答复的视为已经认可，作为调整工程价款的依据。如果承包商未报经业主核对即自行采购材料，再报业主确认调整工程价款的，如业主不同意，则不作调整。

③施工机械台班单价或施工机械使用费发生变化超过省级或行业建设主管部门或其授权的工程造价管理机构规定的范围时，按其规定进行调整。

控制点五：签认价款调整报告

1. 审查同意承包商的要求，如果业主授权造价咨询小组作为业主代表，则可以直接签认；如果业主未进行此授权，则需要报业主签认。

2. 审查未同意承包商的要求，则需要注明价款调整报告上的错误、业主未同意的原因、业主提出的调整方案，报监理工程师审阅。

控制点六：资料提交

资料提交工作是将收集的资料册、价款调整审查报告、已经完成审查的签认或未签认的价款调整报告副本、业主的价款调整方案、工程师当期阶段的工程进度款支付证书副本、价款调整审查中所形成的其他纸质、电子资料文件等按业主的要求提交，作为竣工结算、索赔、仲裁、诉讼的依据。

4.5.2 价格调整控制点管理依据

因此，要做好合同价格的调整工作，应主要依据以下资料：

（1）合同文件；

（2）造价管理机构发布的造价信息；

（3）相关的法律法规；

（4）相关的资料证明，如材料、设备的购买单据等；

（5）经监理方认可的洽商文件。

4.5.3 价格调整控制点管理程序

由于能够引起价格调整的因素包括：法律法规变化和物价波动两方面，但两者所导致价格调整的处理程序是基本相同的，同时，两者引起的价格调整在工程实施过程中的具体表现是不易明显区分的。因此，按照《建设工程工程量清单计价规范》（GB 50500—2013）条文说明中的相关规定，具体的价格调整程序如图 4-5 所示。

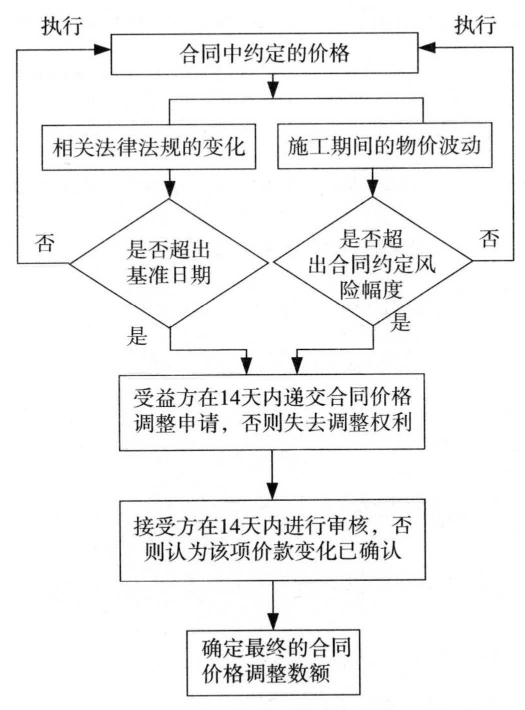

图 4-5 价格调整程序图

当发生以上两种情况引起价格调整时，发承包双方应就具体的情况进行分析，按照合同中约定的程序或以上规定的程序来进行价格的调整。其中需要注意的是进行价格调整时应区分受益方，该受益方可能为发包方也可能为承包方。因此，发承包双方都应该时刻关注可能引起价格调整的以上两类因素，真正做到对合同价格的及时调整，维护自身的合理利益。

在进行价格调整时，发承包双方应在程序规定的时间内提出价格调整报告，避免因时间的延误而给自身造成损失。同时价格调整报告的接受方应对价格调整的具体数额进行认真审核，做到对工程价款的整体控制。

4.5.4 注意事项

1. 物价波动引起价格调整的注意事项

目前应用较多的物价波动价格调整方法包括：价格指数调整价格差额法和造价信息调整价格差额法两种，其中价格指数调整价格差额法是 2007 版《标准施工招标文件》通用合同条款中规定的方法，也是国际工程合同价格调整中常用的方法。

（1）采用价格指数调整价格差额法应注意的事项

①暂时确定调整差额

在计算调整差额时得不到现行价格指数的，可暂用上一次价格指数计算，并在以后的付款中再按实际价格指数进行调整。

②权重的调整

按变更范围和内容所约定的变更，导致原定合同中的权重不合理时，由监理人与承包人和发包人协商后进行调整。

③承包人工期延误后的价格调整

由于承包人原因未在约定的工期内竣工的，则对原约定竣工日期后继续施工的工程，在使用价格调整公式时，应采用原约定竣工日期与实际竣工日期的两个价格指数中较低的一个作为现行价格指数。

（2）采用造价信息调整价格差额法应注意的事项

此方式适用于使用的材料品种较多，相对而言每种材料使用量较小的房屋建筑与装饰工程。施工期内，因人工、材料、设备和机械台班价格波动影响合同价格时，人工、机械使用费按照国家或省、自治区、直辖市建设行政管理部门、行业建设管理部门或其授权的工程造价管理机构发布的人工成本信息、机械台班单价或机械使用费系数进行调整；需要进行价格调整的材料，其单价和采购数应由监理人复核，监理人确认需调整的材料单价及数量，作为调整工程合同价格差额的依据。

（1）人工单价发生变化时，发承包双方应按省级或行业建设主管部门或其授权的工程造价管理机构发布的人工成本文件调整工程价款。

（2）承包人在采购材料时应征得发包人同意后方可执行。材料价格变化超过省级或行业建设主管部门或其授权的工程造价管理机构规定的幅度时应当调整，承包人应在采购材料前就采购数量和新的材料单价报发包人核对，确认用于本合同工程时，发包人应确认采购材料的数量和单价。发包人在收到承包人报送的确认资料后 3 个工作日内不予答复的视为已经认可，作为调整工程价款的依据。如果承包人未报经发包人核对即自行采购材料，再报发包人确认调整工程价款的，如发包人不同意，则不作调整。

（3）施工机械台班单价或施工机械使用费发生变化超过省级或行业建设主管部门或其授权的工程造价管理机构规定的范围时，按其规定进行调整。

2. 法规变化引起价格调整的注意事项

工程所在国的法律、法规发生变化时，如提出进口限制、外汇管制、税率提高、劳动法的改变等，都可能引起承包商施工费用的增加。此类风险是承包方难以预料的，因此，该类风险应该纳入发包方的风险范围内，不管合同类型如何，合同价款都应该做出调整。在合同签订过程中应对该种情况进行具体约定说明。

同时，在进行法律法规引起的价格调整时应注意区分具体法律法规的适用范围，各法律法规的效力等级等内容。在确定法律法规的效力层级时一般是国家的上位法优于下位法、特别规定优于普通规定、新规定要优于旧规定。在进行工程价格调整时应注意区分各法律法规的效力来进行价格的调整。

第5章　结算阶段的工程造价控制

工程款的支付与结算，是贯穿于整个工程实施阶段的，具有全局作用的工程造价控制主线，也是本章论述的核心内容。本章对支付结算过程中的关键控制点及其关键路线进行解析，本章为实际工作人员提出一套解决支付/结算与实际偏差这一关键问题的方案，对业主进行有效投资控制具有重要意义。

5.1　工程计量

工程计量是依据相关工程现行国家计量规范规定的计量规则和方法对承包人实际完成的合同工程的数量进行确认和计算。2013版《清单计价规范》中第2.0.43条规定：工程计量是发承包双发根据合同约定，对承包人完成合同工程的数量进行的计算和确认。第8.1.3规定：因承包人原因造成的超出合同工程范围施工或返工的工程量，发包人不予计量。

5.1.1　工程计量控制点

业主应对以下几方面的工程项目计量时进行重点控制：

控制点一：发承包双方在合同工程实施过程中已经确认的工程计量结果和合同价款，在竣工结算办理中应直接计入结算。

控制点二：工程量清单缺项与工程量偏差

《建设工程工程量清单计价规范》（GB 50500—2013），工程计量时，若发现工程量清单中出现缺项、工程量计算偏差，以及工程变更引起工程量的增减，应按承包人在履行合同义务过程中实际完成的工程量计算。

控制点三：不同合同类型的工程计量方式

1. 单价子目下工程量的计量

单价子目是工程量清单中以单价计价的项目，即根据合同图纸（含设计变更）和国家现行相关工程计量规范规定的工程量计算规则进行计算，与已标价工程量清单相应综合单价进行价款计算的项目。

（1）计量范围

工程师一般只对以下三个方面的工程项目进行计量：工程量清单中的全部项目；合同文件中规定的项目；工程变更项目。《建设工程价款结算暂行办法》中规定对于超出设计图纸（含设计变更）范围和因承包人原因造成的返工的工程量，不在计量范围内。

（2）工程计量的依据

①质量合格书。对于已完工程，经过专业工程师检验，工程质量达到合同规定的标准后，由专业工程师签署报检申请表，只有质量合格的工程才予以计量。未经监理人员质量验收合格的工程量，或不符合施工合同规定的工程量，监理人员应拒绝该部分的工程价款的支付申请。②工程量清单及技术规定。工程量清单前言和技术

规范的“计量支付”条款规定了清单中每一项工程的计量方法，同时还规定了按规定计量方法确定的单价所包括的工作内容和范围。③设计图纸。工程师计量的工程数量，并不一定是承包商实际实施施工的数量。计量的几何尺寸要以设计图纸为依据，工程师对承包商超出设计图纸要求增加的工程量和自身原因造成返工的工程量，应不予计量。

2. 总价子目下工程量的计量

总价子目就是在已标价工程量清单中以项或总额计量单位、以总价计价的子目，一般用于不能按照约定的工程量计算规则确定数量的子目。《建设工程工程量清单计价规范》（GB 50500—2013）中的总价子目主要集中在措施项目清单部分。

总价子目的支付分解表形成一般有以下三种方式：一是，对于工期较短的项目，将各个总价子目的价格按照合同约定计量周期平均；二是对合同价值不大的项目，按照总价子目的价格占签约合同价的百分比，以及各个支付周期内所完成的单价子目的总价值，以固定百分比方式均摊支付；三是根据有合同约束力的进度计划、预先确定的里程碑形象进度节点（或者支付周期）、组成总价子目的价格要素的性质（与时间、方法和当前完成合同价值等的关联性），将总价子目的价格分解到各个形象进度节点（或者支付周期中），汇总形成支付分解表，经监理人审核批准后，产生合同约束力。实际支付时，有监理人检查核实其形象进度，达到支付分解表的要求后，即可支付经批准的每阶段总价子目的支付金额。第三种方式是比较公平合理的做法，该方式的支付分解表一般应依据工程实际进度完成情况，随进度计划的调整，定期进行适当的修正。

5.1.2 工程计量控制点管理依据

计量依据一般有质量合格证书，工程量清单前言，技术规范中的“计量支付”条款和设计图纸。也就是说，计量时必须以这些资料为依据。

1. 质量合格证书

对于承包商已完的工程，并不是全部进行计量，而只是质量达到合同标准的已完工程才予以计量。所以工程计量必须与质量监理紧密配合，经过专业工程师检验，工程质量达到合同约定的标准后，由专业工程师签署报检申请表（质量合格证书），只有质量合格的工程才予以计量。所以说，质量监理是计量监理的基础，计量又是质量监理的保障，通过计量支付，强化承包商的质量意识。

2. 工程量清单前言和技术规范

工程量清单前言和技术规范是确定计量方法的依据。因为工程量清单前言和技术规范的“计量支付”条款规定了清单中每一项工程的计量方法，同时还规定了按规定的计量方法确定的单价所包括的工作内容和范围。

3. 设计图纸

单价合同以实际完成的工程量进行结算，但被工程师计量的工程数量，并不一定是承包商实际施工的数量。计量的几何尺寸要以设计图纸为依据，工程师对承包商超出设计图纸要求而增加的工程量和自身原因造成返工的工程量，不予计量。

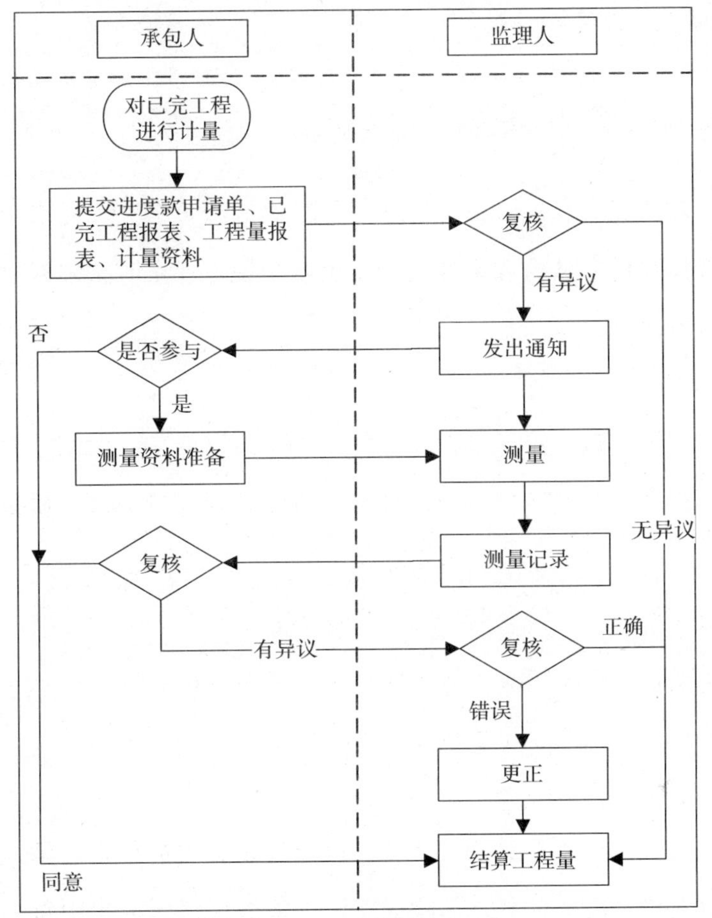

图 5-1　工程计量程序

5.1.3　工程计量控制点管理程序（图 5-1）

承包商按照计量规则对已完工程进行计量，并对施工过程中形成的计量资料进行收集。在每个计量周期合同约定的时间内对向监理人提交进度款申请表，相关计量资料一并提供。监理人对承包人提交的计量资料进行核对和检查。如果监理人通过核查对承包人提交的计量数据及资料认可，那么经过监理人的确认，承包人提交的工程量就可以作为结算工程量。如果监理人对承包人提交的计量数据及资料存在异议，则需要组织工程量的复查。监理人应在复查前向承包人发出合理通知。承包人在收到通知单后，应该准备测量所需的相关资料，并派代表参加现场测量。在测量过程中，发包人负责测量记录。承包人对记录结果进行检查和协商，发承包双方达成一致后，对记录结果签字确认。如果该承包人未到现场，发包人的记录被认为是准确的，予以认可。承包人检查后不同意计量记录中结果，应说明认为不准确的部分。监理人应该对争议部分进行审查，并对最终记录结果予以确认或更改。

5.1.4 工程计量控制点管理方法

根据 FIDIC《施工合同条件》（1999 版）的规定，工程计量的方法有：

1. 均摊法

所谓均摊法，就是对清单中某些项目的合同价款，按合同工期平均计量。如：为监理工程师提供宿舍，保养测量设备等。这些项目都有一个共同特点，即每月均有发生。所以可以采用均摊法进行计量支付。

2. 凭据法

所谓凭据法，就是按照承包商提供的凭据进行计量支付。如建筑工程险保险费、第三方责任险保险费、履约保证金等项目，一般按凭据法进行计量支付。

3. 估价法

所谓估价法，就是按合同文件的规定，根据工程师估算的已完成的工程价值支付。如为工程师提供办公设施和生活设施，为工程师提供用车等项目。这类清单项目往往要购买几种仪器设备，当承包商对于某一项清单项目规定购买的仪器设备不能一次购进时，则需采用估价法进行计量支付。

4. 断面法

断面法主要用于取土坑或填筑路堤土方的计量。对于填筑土方工程，一般规定计量的体积为原地面线与设计断面所构成的体积。采用这种方法计量，在开工前承包商需测绘出原地形的断面，并需经工程师检查，作为计量的依据。

5. 图纸法

在工程量清单中，许多项目采取按照设计图纸所示的尺寸进行计量。如混凝土构筑物的体积，钻孔桩的桩长等。

6. 分解计量法

所谓分解计量法，就是将一个项目，根据工序或部位分解为若干子项，对完成的各子项进行计量支付。这种计量方法主要是为了解决一些包干项目或较大的工程项目的支付时间过长，影响承包商的资金流动等问题。

5.1.5 注意事项

（1）对现场计量资料的真实性、可靠性进行查验。在工程计量的过程中，首先要检查现场提交的计量资料即形象进度、验收报告、单价分析、工程变更、签证等是否齐全、有效，工程质量是否合格，是否达到计量要求，即先从根本上杜绝不合理计量的可能性。计量资料要真实可靠，做到有章可查，有据可依，走好计量工作的第一步。

(2) 对计量项目的划分应一致，做到科学、合理。在对工程计量支付工作单位划分时，应保持施工单位、监理、业主的工程划分要一致，这样在计量时便于操作。同时，工程划分特别是分项工程的划分，需考虑便于质量评定和计量支付的进行。

(3) 严格遵守计量支付规则。计量支付要按实际完成数量结算的，计量和支付的工程数量必须是在已批准的工程数量复核表台账内，如超出清单工程数量复核表台账数量的部分，都必须有完备的变更设计申报与批准手续，在已建立的变更（新增）工程数量范围内予以计量和支付。对工程质量不合格的工程坚决不予计量。

(4) 严格按规定程序计量支付。施工方应及时在合同约定的计量支付周期内完成工程计量与进度款支付申请的编写工作，有利于及时获得工程进度款的支付。

(5) 按照合同类型选择工程计量节点。对于单价合同或是采用工程量清单方式招标形成的总价合同，工程计量为按照合同约定承包人实际完成的工程量，按照约定时间，每个月对已完工程进行工程计量。对于经审定批准的施工图纸及其预算方式发包形成的总价合同，应按照合同约定形象进度节点进行工程计量。

5.2 预付款支付控制

预付款是发包人在开工前拨付给承包人的一定限额的用于承包人在施工准备阶段资金周转的协助资金，预付款是施工企业为该承包工程项目储备主要材料的流动资金。由于工程项目耗资巨大，在项目开始阶段，承包商需要大笔投入资金，以保证项目施工准备与施工开工的顺利进行，为了改善承包商前期的现金流，施工合同中一般都有预付款的规定。这笔预付款也成为了业主借给承包商的一笔“无息贷款”。

在工程实践中，支付预付款说明了业主与承包商之间的特定合同关系。因此，预付款证明合同的成立保障了合同双方单向预付款的支付，表明了预付款支付方（业主）尊重合同、履行合同的诚意，也表明了该方对预付款接受方（承包商）履行合同的期待。但是，预付款本身存在一定的局限性。由于不能在双方当事人之间提供一种对任何一方来说都是公平有效的担保手段。也就是说，预付款接受方不必担心预付款支付方违约，而预付款支付方则可能缺乏行之有效的控制方法进行监督、确保预付款接受方履行合同，这种合同状态对预付款支付方的利益缺乏必要的保护。一旦合同无效或不能履行，受损失的首先是预付款支付方。虽然可令预付款接受方承担其他法律责任，但就工程项目财产关系而言，却无法使预付款接受方的财产损失得到补偿。

在《建设工程价款结算暂行办法》12.4 款中规定：凡是没有签订合同或不具备施工条件的工程，发包人不得预付工程款，不得以预付款为名转移资金。该办法强行推行业主支付担保制度来解决工程款拖欠的问题，却无法限制承包商滥用预付款的行为，无法有效保障业主方的利益。

由于预付款的自身局限性，加之业主缺少有效的监管措施，从而由预付款支付引起的经济合同纠纷在实践中较多，将造成价款支付与实际的偏差。对于引起预付款支付与工程实际偏差较大的风险因素，主要包括影响预付款支付真实性、合法性的因素以及预付款扣回金额的准确性。业主方预付款支付的关键控制点就是预付款的款额是否合理以及施工单位对预付款的使用是否真实合理。

5.2.1 预付款支付控制点

业主为保证合同价款中预付款部分的有效支付，业主方对于预付款的控制应做到以下几点：

控制点一：预付款的扣回方式

预付款应在施工合同签订后，在约定的时间内支付；预付款的支付比例应符合合同要求，支付金额应按照合同约定金额支付，合同中约定扣除暂列金额、暂估项目金额的应在计算时扣除；要求承包人在合同约定的时间内提供预付款保函，预付款保函的担保金额应与预付款金额一致；应避免工程款已支付完而预付款尚未扣回的情况，尚未扣回的预付款金额应作为承包人的到期应付款。

控制点二：预付款的额度

预付款应按照合同约定在进度款中扣回，且预付款保函的担保金额递减应与扣回金额一致。

5.2.2 预付款支付控制点管理依据

业主在进行预付款支付时控制的主要依据：

（1）国家有关法律、规范、规章制度和相关的司法解释；

（2）国务院建设行政主管部门以及各省、自治区、直辖市和有关部门发布的工程造价计价标准、设计办法、有关规定及相关解释；

（3）施工发承包合同、专业分包合同以及补充合同，有关材料、设备采购合同；

（4）招投标文件，包括招标答疑文件、投标承诺、中标报价书及其组成内容；

（5）工程竣工图或施工图、施工图会审记录，经批准的施工组织设计以及设计变更、工程洽商和相关会议纪要；

（6）经批准的开、竣工报告或停工、复工报告；

（7）《建设工程工程量清单计价规范》（GB 50500—2013）或工程预算定额、费用定额及价格信息、调价规定等；

（8）工程预算书；

（9）影响工程造价的相关资料；

（10）结算编制委托合同。

5.2.3　预付款支付控制点管理程序

通过上面的分析可以知道，在预付款的流程中，按时间和额度的约定支付预付款是进行预付款支付真实性、合法性的关键点，监理方要对这一点进行严格的监控，在承包方递交的进度月报表上进行严格的控制，并检查工程预付款起扣点计算的准确性，这样才能保证预付款支付过程中不会出现偏差。为了防止承包商与监理的舞弊行为，在信息与沟通方面，监理方要将监控信息，绕过承包商直接反馈给业主，以便业主对承包商进行更好的监督。

从图5-2的控制程序图可以看出：监理单位的信息流是由监理单位（或者具有相应资质的咨询单位、投资审核单位）对支付申请材料的审核和对预付款使用的监督等方面，在预付款中审核的材料主要是施工单位提交的付款申请单，监理单位提交的审核签证；整

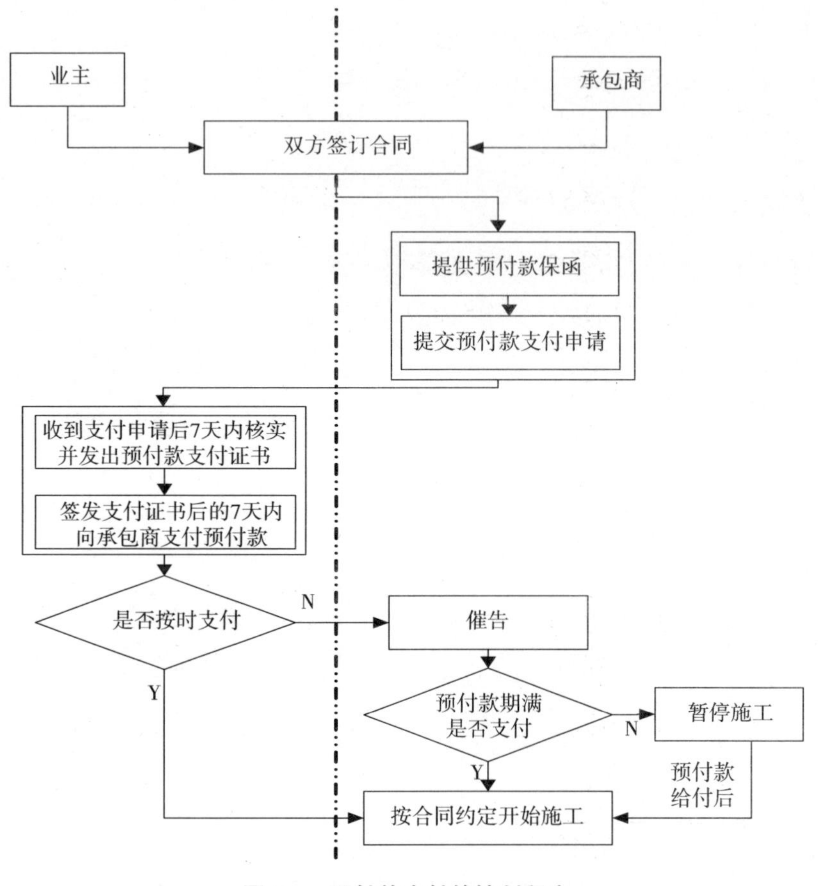

图 5-2　预付款支付的控制程序

个预付款支付流程中的信息传递，包括信息流和资金流，以及施工单位提出申请的步骤和建设单位拨付预付款给施工单位后联系监理单位通报工程情况。

在传统的预付款支付流程中，着重强调业主和承包商之间按合同的规定支付与扣回预付款，而不能很好地得知承包商是否在预付款申请和使用上存在问题，因为业主、监理、承包商相互之间都有信息交流，就难免不出现舞弊现象。在内部控制过程中，根据风险分析和控制活动的分析，已经知道在预付款的支付中，关键控制点就是预付款申请的真实性和使用的合理性，这在信息与沟通中通过监理单位、咨询单位和投资审核机构等多方面的监督可以得到解决。通过内部控制理论的设计，监理将通过自己从承包商报送的报表、工程施工进度信息以及财务资金状况等方面得到的信息，绕过承包商直接与业主进行信息沟通，可以使业主在预付款支付中掌握更多的资料，严防预付款支付与工程的实际情况不符。

5.2.4 预付款支付控制点管理方法

建设单位、监理工程师和施工单位三方的职责是整个预付款支付过程的重要内容。要解决好预付款的支付问题，上述三方需要充分明确自己的职责。

在《建设工程工程量清单计价规范》（GB 50500—2013）的约束下，建设单位、施工单位和监理单位之间要分工明确，具体职责分工如表 5-1 所示：

表 5-1　　预付款支付中相关者的职责

相关者	职　　责
施工单位	提交保函和预付款申请，要求按照施工合同文件的规定比例，同时提交的材料有施工合同的复印件和施工单位通用的申请表，以便于施工单位的财务部门进行财务管理
监理单位	对施工单位提交的材料进行审核；向建设单位提交已经审核完的施工单位的材料，还要提交监理工程师的联系单，以便建设单位发现问题或者有不同意见时和监理工程师核对
建设单位	在招标文件中规定预付款的限额和扣回方式，对监理单位审核后的材料进行复核

预付款的准备在施工准备阶段，包括双方签订了合同、承包商

提交了保函、总监理工程师签付开工预付款证书。满足了这三个条件的合同、保函、支付证书在支付时，财务部门都应该有一份，分别按照上述工程款支付凭据的保管、存档进行处理。

工程预付款用于承包人支付施工开始时与本工程有关的动员费用和备料费用，如承包人滥用此款，发包人有权立即收回。因此预付款的风险包括预付款的真实性、预付款应用的合法性以及预付款的扣回数量。另外，由于开工预付款保函的金额越来越大，保函的真实性也成为转移到业主方的风险。

针对风险评估中的各项风险，应在控制活动中找到解决方案，确保预付款的支付和使用的真实性。从预付款的支付流程及控制环境和风险评估的分析，可以得出，预付款支付的关键控制点就是预付款的数额是否合理以及施工单位对预付款的使用是否合理。应用内部控制理论对预付款支付活动进行分析，具体内容可以从表 5-2 中看出。

表 5-2　　预付款支付控制活动

控制要点	控制思想	改善措施
预付款的真实性	包工包料工程的预付款按合同约定拨付，原则上预付比例不低于合同金额的 10%，不高于合同金额的 30%。对重大工程项目，按年度工程计划逐年预付。实体性消耗和非实体性消耗部分应在合同中分别约定支付比例	监理工程师审查工程合同和建设单位预付备料款账簿，核对开工预付款金额是否与招标文件上规定的相同，查明预付款的额度是否合理，有无超过规定的限额
预付款应用的合法性	凡是没有签订合同或不具备施工条件的工程，发包人不得预付工程款，不得以预付款为名转移资金	监理工程师有权监督承包人对该项费用的使用，如经查实承包人滥用开工预付款，业主有权立即通过银行发出通知收回开工预付款保函的方式将该款收回

续表

控制要点	控制思想	改善措施
预付款的扣回	预付的工程款必须在合同中约定抵扣方式，并在工程进度款中进行抵扣	监理工程师审查预付备料款是否按规定的起扣点以抵充工程款的办法及时扣回结算，有无延期、不扣或少扣的行为

预付款的支付和使用要在建设单位、监理工程师和施工单位之间透明化，因此要严格按照合同中规定的预付款限额和扣回方式执行。施工单位提交预付款申请，监理单位审核，建设单位委托咨询单位复核，并签署相应的支付证书，然后报送建设单位主管部门，主管部门委托投资审核机构进行审计，合格后由财政部门拨付给建设单位，再由建设单位拨付施工单位，同时联系监理单位通知工程情况，这是整个预付款支付流程中的现场信息流。这样建立了一个以合同为介质的交流平台，便于信息交流和沟通，如图 5-3 所示。

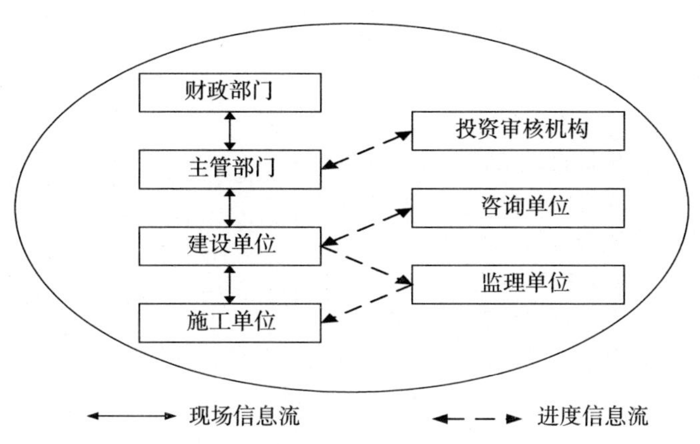

图 5-3　预付款支付的信息沟通平台

监督检查主要是明确各方职责和掌握预付款支付制度的执行情况。预付款的支付和使用情况以及扣回过程，由监理工程师来监督检查。监督内容和程序如下：

（1）审查预付备料款的真实性。预付备料款金额较大时，除审核付款凭证之外，还应向收款单位查询，核实预付备料款是否真实，有无虚假问题。以材料抵付时，建设单位，施工单位双方的供应、领用手续是否完备，计价是否准确。

对于审查预付款的真实性，可以从报送报表、工程施工进度以及财务资金情况等关键控制点进行分析，如表 5-3 所示：

表 5-3　　　　预付款真实性控制点分析

控制点	控制方法
从报送报表上控制	报送的报表要细心、仔细核对，找出对材料预付款不真实的统计因素，对屡次出现做假的行为进行整顿。为更好地实时了解材料预付款的真实性，可要求施工单位每月报送主要材料供应月报表。通过报表可以反映施工单位每月的材料供应量和使用情况，做到付款心中有数
从工程施工进度控制	如果发现上报材料数量与实际施工用量明显不符，可以现场查看施工承包人材料库存。 从工程施工角度出发，完成形象工程已耗费的材料数量现场无法统计，但可以通过工程管理部门了解施工承包人构造物的施工形象工程进度，推算出本期的材料用量，再与施工承包人报送的材料预付款中的材料用量对比，偏差不大即为属实
从财务资金情况控制	如果发现承包人报送的材料可疑，可以要求承包人将所购材料发票原件送来，给财务部门审核，既可以发现是否使用假发票，又可以对照发票复印件检查是否有涂改行为

（2）审查预付款的合规性和合理性。审查工程合同和建设单位预付备料款账簿，核对开工预付款金额是否与招标文件上规定的相同，查明预付款的额度是否合理，有无超过规定的限额；工期较长

的工程是否按年度工程量预付款，有无计算错误的问题。

（3）审查预付备料款是否按规定的起扣点以抵充工程款的办法及时扣回结算，有无延期、不扣或少扣的行为。

具体的预付款监督检查如图 5-4 所示：

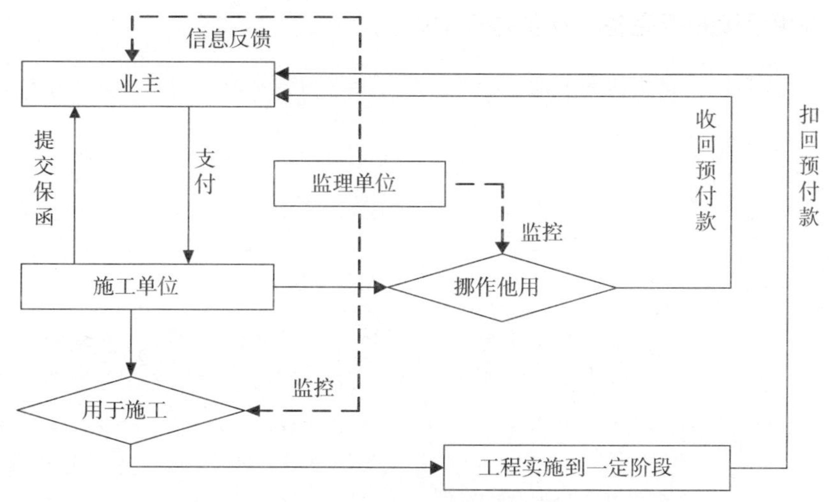

图 5-4　预付款监督检查图

5.2.5　注意事项

（1）准确计算，保证预付款申请额度的准确性。承包人应按合同约定的预付款申请金额来向发包人提出申请。2013 版《清单计价规范》10.1.2 规定：包工包料工程的预付款的支付比例不得低于签约合同价（扣除暂列金额）的 10%，不宜高于签约合同价（扣除暂列金额）的 30%。

（2）加强预付款保函管理。2013 版《清单计价规范》表明承包人向发包人提交预付款保函是预付款支付的前提。预付款保函金额始终保持与预付款等额，即随着承包人对预付款的偿还逐渐递减保函金额。在预付款的管理中，应约定预付款保函减额条款。要明确减额规则，明确递减时间安排、递减比例以及递减程序等。

5.3 进度款支付控制

5.3.1 进度款支付控制点

施工单位每完成一个施工段，经质量检查合格，即可支付该段工程进度款。支付款项不仅包括合同中规定的初始收入，还包括由于合同变更、索赔、签证等原因而形成的追加收入。

对于业主方来说，施工阶段是形成合同价款的实施过程，在这个过程中正确地支付进度款，就能着力控制施工阶段合同价款合理性的实现，同时也可使可能发生的新增工程费用得到正确有效的控制，以消除价款支付与实际偏差较大的现象。在工程实践中，要对工程进度款进行有效的控制，必须先处理好进度款支付过程中存在的问题与风险。

控制点一：明确工程进度款支付过程中存在的风险

在工程的实施过程中，存在着很多影响进度款支付的风险，主要有：

1. 施工单位计量支付的履约不力

施工单位履约不力，主要包括不审核工程量和工程费用是否属实，工程费用的支付是否与合同一致，有无多支、重复支付，工程费用的总额是否超预算等。

2. 材料供应商履约不力或违约

材料供应履约不力，主要表现在材料供应商只顾自己的利益，致使工程停工待料或因材料质量不合要求而导致返工等现象，施工单位不仅不承担责任，还要向业主提出索赔，造成进度款支付超支。

3. 监理工程师失职

由于监理工程师在技术及工程管理上具有特殊地位，若监理工程师失职或缺乏应有的职业道德，对进度款的支付审核过程麻痹大意，则业主的造价控制将深受其害，造成不必要的损失。

控制点二：进度款支付的追加收入及进度款支付拖欠

在施工过程中，也存在着各种风险，可能会对工程的质量、工期和造价等产生很大的影响，最常见的就是使合同外的工程量大大增加，而其确认的方式最主要是通过工程签证，它们往往使工程结算价增加 6.4％～25％，个别工程甚至达到工程结算价的一半以上。对于由工程签证和变更所引起的进度款支付失控问题，业主应该委托监理人员在这些合同外工程量发生前识别它们，并采取一定措施，有些费用的签证是可以避免的。在工程量清单计价模式下，工程变更、索赔以及调价等也会给业主的投资造价控制造成影响。业主要针对这些进度款支付的追加收入，进行重点控制。

另外，在市场经济情况下，通货膨胀在所难免，若膨胀幅度过大，则经济秩序将会混乱，施工单位和业主都将深受其害，施工单位的损失通常可以向业主索赔以获得补偿，而业主则只是追加投资，造成进度款的支付失控。

工程进度款拖欠问题一直是阻碍业主进行有效合同价款管理的重要问题，拖欠进度款对业主会造成很大的不利影响。进度款支付的拖欠问题，会导致承包商资金链的断裂，从而对后继的工程施工造成影响，并直接造成业主的进度款控制失效，导致支付与工程实际发生非常的偏差。造成进度款拖欠的原因很多，业主应分析造成进度款支付拖欠的具体原因，以预防这类事件的发生。工程进度款支付的拖欠有多种形式，如果站在业主进行合同价款管理的角度来看，由于承包商和监理的原因，都会导致进度款支付的拖欠。由施工单位和监理工程师的原因导致工程进度款支付拖欠具体表现在：实际施工过程当中，由于某些施工单位负责人对工程质量不够重视，许多工程量得不到监理的签字认可，不能及时、有效地向业主上报计量，导致工程进度款不能及时到位。

在实际施工当中，有许多地方需要变更设计后才能施工，而施工单位与业主口头沟通后，在没有任何书面材料确认的前提下就开始施工，施工过程当中又不及时让监理签字认可，造成施工结束后许多变更计量得不到业主批复，造成工程进度款得不到落实。

有些监理工程师为了一己私利，往往将业主赋予的权利看做是获取私利的工具，为了自己的利益对工程质量挑刺，不给签字，从而造成工程进度款不能及时到位。

对于上述风险与问题，业主方进行进度款支付控制的关键是严格审查由项目管理公司或监理公司提出的进度款支付的申请报告。业主方应在加强成本预算和控制能力的前提下，分析投资控制点，并根据施工单位编制的施工组织设计和施工网络计划，编制工程资金月使用计划，这样做的好处有两点：一是能够保证月工程进度款的按时支付，二是减少索赔的发生。业主方应监督承包人是否在合同的约定时间内提交当月（或节点）完成形象进度，承包人应编制的当月的工程量完成统计表、月进度工程价款结算书及进度款支付申请单等资料是否完整；监理单位应在约定时间内对已完工程量进行核实。同时应对合同范围内的工程量和变更工程量分别签证认可，并核实相关计价是否准确。

业主方做好进度款支付内部控制监督，控制关键为：

（1）对分部分项工程量清单数量进行核定确认。分部分项工程量应根据实际完成形象进度进行计算；对于少算、漏算的工程量应根据合同约定看是否需要进行调整和支付；综合单价应按合同单价进行计算；

（2）施工过程中发生的变更、洽商应办理相关手续，手续完善的变更、洽商按实际完成量进入进度款支付，审核时应核实其真实性、合法性，变更、洽商引起的综合单价发生改变，按改变后重新确认的综合单价计入计价，变更、洽商引起的费用调整部分在进度款支付申请中应单独列项；由于变更、洽商引起的专用措施费用发生改变，根据合同约定应按调整后的费用进行支付；

（3）过程中产生的索赔，索赔成立后根据合同约定可在进度款中同期支付；

（4）暂估价格与实际价格之间产生的调整金额计入进度支付，暂估价在工程进展中应办理价格确认单，暂估价与确认单价的差异为调整单价，调整金额按实际完成量及调整单价计算，并按合同约定计取税金，随工程进度款一起支付；

（5）规费、税金按实际完成产值进行计算；

（6）应根据合同约定的比例及本期实际完成价款进行计算本期实际应支付价款；如合同约定实际应支付价款需扣除预付款或质量

保证金，应进行扣除；

（7）财务部门根据审核意见及时支付工程进度款。

5.3.2 进度款支付控制点管理依据

业主单位在进行进度款支付时控制的主要依据：

（1）国家有关法律、规范、规章制度和相关的司法解释；

（2）国务院建设行政主管部门以及各省、自治区、直辖市和有关部门发布的工程造价计价标准、设计办法、有关规定及相关解释；

（3）施工发承包合同、专业分包合同以及补充合同，有关材料、设备采购合同；

（4）招投标文件，包括招标答疑文件、投标承诺、中标报价书及其组成内容；

（5）工程竣工图或施工图、施工图会审记录，经批准的施工组织设计以及设计变更、工程洽商和相关会议纪要；

（6）经批准的开、竣工报告或停工、复工报告；

（7）《建设工程工程量清单计价规范》（GB 50500—2013）或工程预算定额、费用定额及价格信息、调价规定等；

（8）工程预算书；

（9）影响工程造价的相关资料；

（10）结算编制委托合同。

5.3.3 进度款支付控制点管理程序

在进度款的计量支付过程中，监理方要采取的控制活动重点要针对已完工程的质量验收、对质量不合格的工程要求质量整改并对其进行监控，对承包商提交的工程量清单进行审核、对现场工程进行计量并对工程计量进行审核。业主委派的工程师代表也要对工程计量的关键环节进行监控。为了防止承包商与监理之间的舞弊行为，监理必须将对工程计量中的相关信息反馈给业主，以便业主进行更加有效地控制，确保计量与支付的正确性和准确性。

具体进度款支付控制程序如图 5-5 所示，进度款支付中相关者职责如表 5-4 所示。

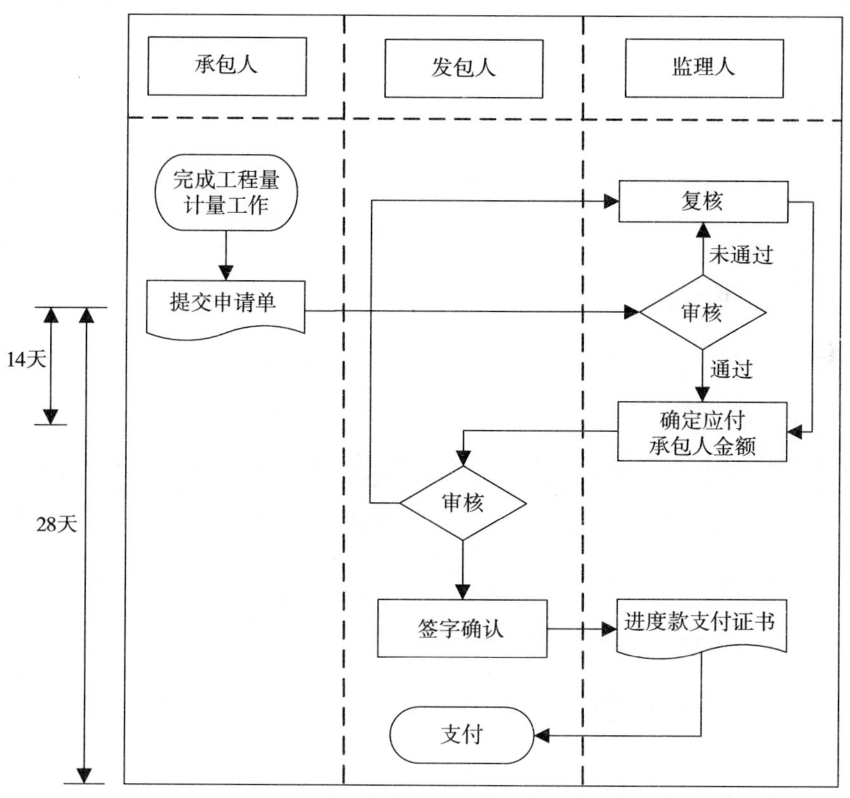

图 5-5　进度款支付控制程序

进度款支付中的重点是准确计量，进度与工程量、资金与工程量的核对点是否真实、合理、正确也至关重要。针对进度与工程量的核对点，要通过支付流程中的监理单位签订的进度确认证书以及监理单位的审核监督来避免，资金和工程量的核对点，通过以下做法来避免：施工单位提出支付情况通报时，由监理单位监督完成。

5.3.4 进度款支付控制点管理方法

施工单位每完成一个施工段，经质量检查合格，即可支付该段工程进度款。在正常情况下支付的进度款，是不包括发生变更、签证、调价和索赔等能够形成工程进度款追加费用的。本节内容着重用内部控制理论分析在正常情况下的进度款支付。

工程进度款的控制与审核是一项集管理、技术、质量、施工、经济、法规等知识技能相结合的工作，需要在事前、事中、事后进行全过程、全方位的动态管理，如果在这个过程中充分发挥激励和约束两种机制的功能，正确支付工程进度款，就能较理想地控制施工阶段合同价款的实现，从而达到对工程实际价格的有效控制。施工单位、监理工程师和建设单位在进度款支付过程中的职责如表 5-4 所示。

工程计量是工程进度款支付的基础，所以在建设项目实施前期，首先由业主组织监理、承包商审核工程图纸数量，复核工程量清单和图纸之间工程量的差值，并对准确完善的清单图纸数量对照结果进行批复。根据批复后的合同清单工程数量，建立工程数量明细表台账及计量支付合同台账，作为审核和控制计量的基础和依据。

表 5-4　　工程进度款支付中相关者职责

相关者	职　　责
施工单位	（1）完成施工任务并准确测量统计工程量。 （2）提交工程量报告、中间计量表和进度款支付申请
监理工程师	（1）按合同原则和该工程的规定，及时审核签认承包商报送的计量支付资料。 （2）审核承包商报送的新增工程项目的数量、单价、费用等。 （3）监督承包商严格执行工程的有关规定，防止出现超验、超计，并对审核的工程量、费用的准确性承担责任。 （4）执行该工程的有关规定及时批示变更工作。督促承包商按工程的规定及时办理变更报批手续。协助主持变更处理会议，审核相应变更资料
业主	（1）督促、检查承包商和监理工程师计量与支付的申报和审核工作，审定该计量与支付申报和审核是否符合合同和规定，并根据实际情况修改、完善有关管理办法。 （2）综合审查各种变更的处理程序的合理性和完整性，计量与支付的正确性和准确性，及时扣除或扣留各种应扣款项。 （3）对合同的主要条款（包括合同的标的、数量、质量、价款、支付、履行地点和方式、违约责任和解决争议方法等）进行管理、监控

一般来说，工程量清单计价模式的工程计量内容如表 5-5 所示。

准确的实际工程量只有通过计量才能获得。工程计量必须按合同文件所列的工程数量，在图纸和规范的基础上估算的工程量，不能作为支付的依据。工程计量是工程施工中的一个十分重要的环节，一定不能出现任何纰漏。

在正常情况下，进度款支付控制的重点在于工程计量，监理单位和业主是计量支付的管理者，应分工明确，互相配合完成计量支付的任务。针对在工程施工过程中的风险，结合各参与方的职责，可以得出关键控制活动是对计量的审核以及支付款项的计算。

表 5-5　　工程计量基本内容

工程计量的范围	(1) 工程量清单中的全部项目。 (2) 合同文件中规定的项目。 (3) 工程变更项目
工程计量的条件	(1) 计量的项目应符合合同要求。 (2) 质量必须达到合同规范标准的要求。工程质量没有达到合同规范标准的任何工程或工序，一律不得进行计量。 (3) 验收手续必须齐全
工程计量的原则	(1) 实地测量计量法：是采用符合规定的测量仪器，对已完成工程按合同有关规定进行实地量测并计算的一种工程计量方法。 (2) 记录、图纸计算法：是根据工程图纸和已完工程的记录进行工程计量的一种工程计量方法。如对钢筋、工程结构物等，通常采用此方法

对业主来说，进度款支付控制的主要方法是通过核查项目管理或监理公司的申请报告，同时还应加强本单位人员自身成本预算和控制的能力，根据施工段设立投资控制点，并根据施工单位组织设计和施工网络计划，编制工程资金月使用计划，这样既可以保证月工程进度款的按时支付，避免了施工单位的费用索赔，又可以减少资金占用利息。对施工单位而言，申请进度款是其获得工程款的主要途径。因此，无论采用何种合同文件，实际工程中对进度款的申请程序和方式都是极为重视的。另外，对已拨付工程款的使用加强监督，防止施工方挪作他用。

作为业主方要做好的控制监督，主要包括：

(1) 审查监理单位资质

国家有关部门应加强对监理单位的资质审查和日常管理，加大对违规行为的处罚力度。严格审查监理单位市场准入资质，让具备条件的监理单位进入市场运行，同时加强管理。监理工程师要有高度的责任心，严格地按照有关法律、法规公正地进行监理，杜绝一切不正之风。监理单位也要加强对现场监理工程师的监督和管理，坚决撤换不称职的监理人员。

（2）审查施工组织设计

在施工阶段，要求施工企业在正式开工前，必须由监理工程师审查承包企业制定的施工组织设计，施工方案及施工进度计划，这不仅是为了控制工程项目的进度，也可有效地控制了工程项目的造价。主要审查施工组织设计和施工方案的可行性、合理性，同时也审查实施的经济性。主要从三个方面入手：

一是在选择施工方法和安排施工流程时，方法是否可行、条件是否允许，是否符合施工工艺要求，是否符合现行国家颁发的施工验收规范和质量检验评定标准的有关规定。

二是严格控制措施项目的费用，在确保施工质量、安全、进度的前提下，要求施工方法力求科学、先进，减少一些非必要的施工和技术措施。

三是审查施工进度计划时，要协助施工单位在确保合同总工期的前提下，合理安排施工进度，实现作业的高效性，以尽量减少抢工期、赶进度而增加的各项措施费用，要根据工程特点和施工企业的实际情况，在人力、物力、技术、组织、空间等各个方面，做出一个全面合理的安排。

（3）建立台账制度

监理机构在对工程项目进行施工阶段监理时，通过建立工程台账制度使进度款审定和支付做到公平公正，保持合理状态。施工单位每月按期向监理机构提交该月度内实际完成的工程量、付款申请及工程形象进度报告。监理机构在约定的时间内进行审核，并与施工单位达成共识，然后报业主作为进度款支付的凭证。进度款台账制度正是在这一过程中建立和实施的，其操作流程如图 5-6 所示：

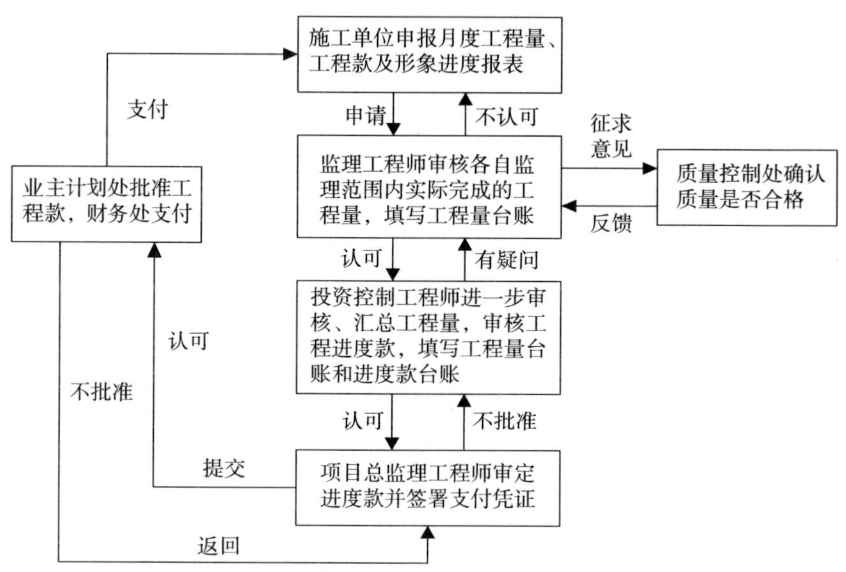

图 5-6　进度款台账制度支付流程

5.3.5　注意事项

（1）为防止施工招标的工程量清单准确性不够，出现多算、漏算等现象，提高投资控制精度，待施工合同签订后，业主应及时组织施工单位对招标的工程量清单予以复核。

（2）施工过程中产生的索赔，索赔成立后根据合同约定可在进度款中同期支付。

(3) 暂估价格与实际价格的差额根据合同约定可在进度款中同期支付。

5.4 竣工结算控制

5.4.1 竣工结算控制点

控制点：合同款的确定与合同款调整数额的确定

竣工结算指施工企业按照合同规定的内容全部完成所承包的工程，经验收质量合格，并符合合同要求之后，向业主进行的最终工程价款的结算。

在工程竣工结算中，工程结算方式的确定是一个重要的问题，从竣工结算工程价款的计算公式中，我们可以看到竣工结算过程中的关键所在。竣工结算工程价款的计算公式如下：

$$\begin{matrix}\text{竣工结算}\\\text{工程款}\end{matrix}=\begin{matrix}\text{预算（或概算）}\\\text{或合同价款}\end{matrix}+\begin{matrix}\text{施工过程中预算或合同}\\\text{价款中调整数额}\end{matrix}-\begin{matrix}\text{预算及已结}\\\text{算工程价款}\end{matrix}-\begin{matrix}\text{预付及已结}\\\text{算工程价款}\end{matrix}-\text{保修金}$$

竣工结算过程中控制的关键为：一是合同款的确定，二是合同款调整数额的确定。合同价款的确定是一项复杂细致的工作，合同双方应本着在维护双方利益的前提条件下，公平合理地确定工程价款。一般在《建设工程工程量清单计价规范》（GB 50500—2013）下的工程结算，经常会出现结算失真的现象，主要的原因有以下几个方面（表5-6）：

表 5-6　　竣工结算失真的原因分析

结算失真的原因	具体表现
工程签证方面	在目前的施工管理中，进行结算审核工作的工程师施工时一般不到现场，审核时，工程量的计算依据主要就是施工图和现场签证，这就为施工环节（尤其是隐蔽工程）偷工减料提供了可能。现场监理人员对造价管理和有关规定掌握不够，对不应该签证的项目盲目签证。甚至有的签证由承包商填写，并未认真核实就签字
工程量计算方面	工程量的计算是依据竣工图纸、设计变更联系单和国家统一规定的计算规则来编制的，是结算编制的基础。工程量计算误差主要包括在定额中子目录再次计算、计算单位不一致而造成工程量的计算错误
材料价格方面	主材的型号、材质在设计中不明确；除去规定的材料价格外，还有大部分采用的是市场价，这也影响了结算的造价
费用计算方面	不按合同要求套用费用定额。工程没有达到约定的文明施工程度却按约定计算文明施工增加费。在县城（镇）的工程税金却套用市区的费率等
其他方面	建设单位在发包合同及现场签证中用词不严谨而导致结算与实际有出入。施工单位顾虑结算卡得太紧等

对于业主方来说，工程竣工结算审核是合理确定工程造价的必要程序和业主进行工程造价控制的重要手段。经审核的工程竣工结算既是核定建设工程造价的依据，又是核定新增固定资产的依据，它关系到业主方的切身利益。在业主方控制竣工结算时，一定要考虑竣工结算审核中造成支付/结算与实际偏差的因素。

由于工程建设新技术、新材料地不断应用与发展，建设工程复杂性的日益增加；同时，建设工程从业人员的素质也存在着较大差异，在工程量清单计价模式下的竣工结算审核过程中，常会出现很多问题。主要的问题有：

1. 竣工结算审核准备工作中出现的问题

在竣工结算审核的准备阶段，主要的工作体现在审核竣工结算资料的完备性、真实性与审核竣工结算程序的完备性、真实性两个方面比较典型的问题上，即送审资料不及时、不完整、不真实的问题。

《建设工程工程量清单计价规范》（GB 50500—2013）规定，发包人应在收到承包人提交的竣工结算文件后的28天内核对。但是在工程实践中，送审资料不及时的情况仍比较常见。在目前的工程中仍存在不少工程项目竣工验收交付使用期超过规定时期很长，而承包方未报送结算资料的现象。送审资料不及时，属于在审核竣工结算程序的完备性与真实性中常出现的一个问题，它没有按照竣工结算审核程序的规定办理竣工结算，势必会影响到后续结算工作的正常进行。

在结算审核中，也经常发现送审资料不完整、竣工图没有全面体现工程实际情况，很多变更没有在图上标注；设计变更手续不全，缺少变更通知及经济签证；隐蔽工程现场验收无正式签证手续；变更材料没有确定结算单价等。在现场签证中，有些签证项目只有定量的数字，没有已完项目的规格、材质及详细做法的描述；有些签证签字手续不完整，这些都造成了签证资料的不完备。送审资料的不完整会使竣工结算的审核工作缺乏必要的依据，从而在很大程度上影响竣工结算的准确性。

送审资料不真实的情况也主要体现在现场签证上。工程实践中，每个单项工程在施工过程中，不可避免地会发生一些签证项目。尤其在附属工程的施工中，普遍存在签证与实际不符的现象，并且突出体现在隐蔽工程中。附属工程一般缺乏正规图纸，在实际工作中可能仅凭几张草图或现场管理人员的口头通知施工，而监理人员往往没有认真核实，建设单位管理人员经常依赖监理，也没到现场核实，或有些现场签证是完工后再办理，存在时过境迁而无法查实的问题。

2. 竣工结算编制过程中出现的问题

在竣工结算审核中，要十分重视竣工结算编制依据与竣工结算的相关性和有效性。工程实践中，会经常出现工程结算中所采用的各种编制依据并没有经过国家或授权机关的批准，不符合国家规范的规定以及主要的编制依据和方法不正确等。

另外，编制竣工结算时要充分依靠合同的相关规定，编制和审核竣工结算对发承包合同要做到相当熟悉。但在竣工结算审核中，经常发现计价条款和调整约定过于简单笼统，留下了合同纠纷隐患。有的施工合同仅对施工范围、工程进度、质量、付款方式等条款进行较详细的阐述，而对工程结算的有关条款交代不够具体，解释不清。由于建设工程施工合同与工程量清单计价模式还不完全匹配，合同中会出现对工程量清单中的有些内容未作具体的约定，对工程结算没有约束的条款。施工单位会借此夸大施工难度，利用合同的漏洞高估多算，增加竣工结算。其中具体问题如下：

（1）工程量计算的审核中出现的问题

在工程量清单计价模式中，竣工结算要根据设计图纸、设计变更、现场签证和清单的计算规则，对施工单位报送竣工结算的工程量计算表格进行审核，主要是审核工程量是否有漏算、重算和错算，审核要抓住重点，详细计算和核对。

由于工程造价从业人员的水平参差不齐，不少工作人员在进行竣工结算审核时，对工程量的计算规则掌握得不熟练或工作不仔细，经常会出现工程量的计算范围分不清，造成工程量的计算错误、核对计算尺寸与图示尺寸是否相符时出现偏差，从而导致计算错误。对签证工程量的审核时，不进行调查研究，没有做到实事求是，合理计量。

（2）套用单价审核及费用审核时出现的问题

竣工结算应该按照合同约定的计价定额与计价原则执行，一般以当地或者工程项目所属行业当时正在执行的建筑安装工程预算定额单价，以及当地或者行业的建设行政主管部门和工程造价主管部门发布的工程造价信息价格指数及有关规定为准。

在竣工结算过程中，常会出现审核定额子目的套用与结算中所选用的每项定额子目及各部分工程的特征不一致，定额所包括的工作内容与实际不相同。而在某些工程量的套入中，也常会出现就高不就低的定额子目以及和定额子目套入不合理、高套、错套、重套，以及随意毛估，经常造成工程结算投资虚增的现象发生。

对于工程取费的标准，应根据当地工程造价管理部门颁发的文件及规定，结合相关文件如合同、招标文件、投标书等来确定费率。但是在竣工结算的审核时，经常会出现不注意取费文件的时效性，执行的取费表并不与工程性质相符，费率计算公式不一定正确，差价调整并不符合有关文件的规定。

为有效解决上述竣工结算审核过程中存在的问题，业主方在进行竣工结算时的关键控制点为：

（1）整个施工过程应按照合同的约定进行，完成合同约定的各项内容，满足《建设工程质量管理条例》的相关条件后进行竣工验收，工程应竣工验收合格，并列入竣工结算；

（2）计价依据应与建设期的工程进度相一致；

（3）检查签证记录的真实性、有效性、合规性；

①变更签证。当发生设计变更时，由原设计单位出具设计变更通知单和修改图纸，有关设计、核审人员在设计变更通知单及修改后的图纸上签字并加盖公章，业主和监理工程师对此进行审查，审查合格后同意签证；出现重大设计变更时，应经原审批部门审批后才能列入结算中；

②新增项目补充合同。施工过程中增加项目时，应及时签订补充合同，补充合同中应明确新增项目的施工内容、工程造价、质量要求、结算方法等。有补充合同并经业主和监理工程师验收合格的项目，方能作为结算工程数量计入结算。

（4）工程量的计算应符合工程量计算规则，避免重计、漏计等计算错误；

（5）所有隐蔽工程均应按照有关部门关于隐蔽工程验收手续处理，并有施工、验收记录，隐蔽工程的工程量应与竣工图一致；

（6）分项工程的定额套项应准确，工程量录入及单价、总价计算应清楚完整；

（7）定额缺项子目应按有关规定编制并报批；

（8）工程价格计价方式应符合有关规定要求；

（9）工程取费应按合同约定及相关取费标准规定计取；

（10）工程工期、质量如有特定要求，按合同约定计算；

（11）工程实际施工应与原预算（原招标内容）或报审结算以及施工图设计、施工组织设计一致；

（12）人工、材料、机械和设备的购买、租赁价格的确定应符合市场实际，手续应完备、合法；通过市场调查研究结合建设工程材料信息，材料及设备结算价应准确合理。

5.4.2 竣工结算控制点管理依据

业主单位在进行竣工结算时控制的主要依据：

（1）国家有关法律、规范、规章制度和相关的司法解释；

（2）国务院建设行政主管部门以及各省、自治区、直辖市和有关部门发布的工程造价计价标准、设计办法、有关规定及相关解释；

（3）施工发承包合同、专业分包合同以及补充合同，有关材料、设备采购合同；

（4）招投标文件，包括招标答疑文件、投标承诺、中标报价书及其组成内容；

（5）工程竣工图或施工图、施工图会审记录，经批准的施工组织设计以及设计变更、工程洽商和相关会议纪要；

（6）经批准的开、竣工报告或停工、复工报告；

（7）《建设工程工程量清单计价规范》（GB 50500—2013）或工程预算定额、费用定额及价格信息、调价规定等；

（8）工程预算书；

（9）影响工程造价的相关资料；

（10）结算编制委托合同。

5.4.3 竣工结算控制点管理程序（图5-7）

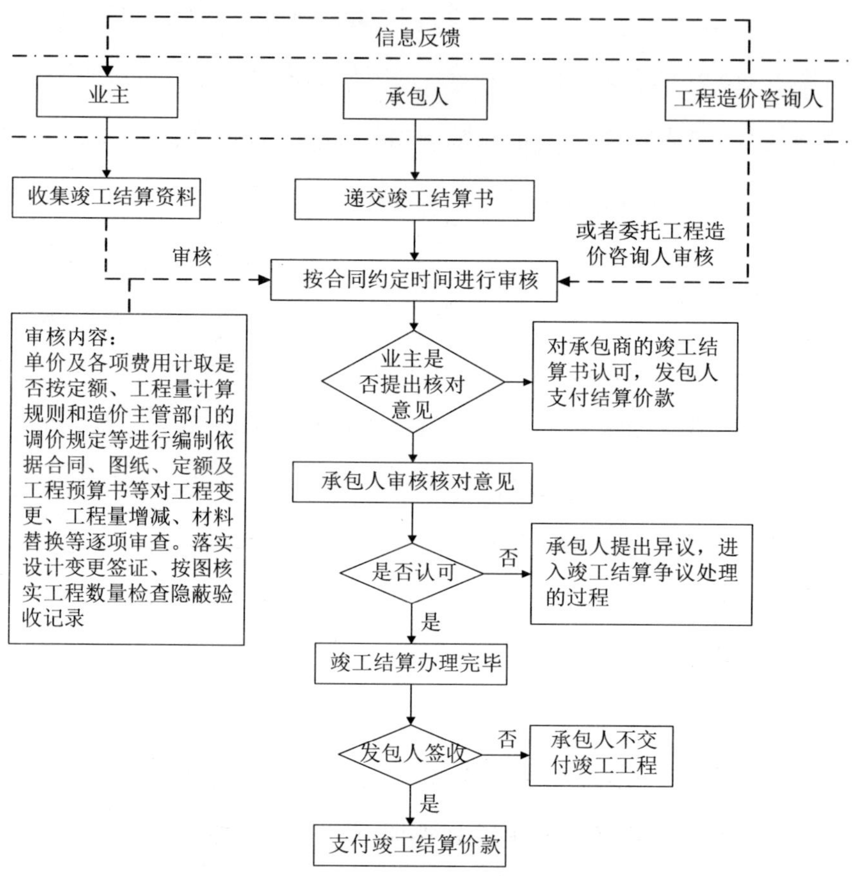

图5-7 竣工结算流程的控制程序

竣工结算阶段，施工单位应该仔细研究有关法律、政策、规定，特别是关于合同范围、价款与支付、价款调整、工程变更、不可抗力、工期、保险、违约、索赔及争端解决等条款；收集相关资料包括工程发承包合同、图纸及图纸会审记录、投标报价、合同价或原预算，、变更通知单、工程停工报告、监理工程师指令等、施工组织设计、施工记录、原始票据、形象进度及现场照片等、有关定额、费用调整的文件规定、经审查批准的竣工图、工程竣工验收单、竣工报告等。

工程竣工后，承包人应在提交竣工验收报告的同时，向发包人递交竣工结算报告及完整的结算资料，发包人应按规定时限进行核对（审查）并提出审查意见。在业主单位内部支付中，每一张支付单的编制、复核、审核、会签、支付都要专人负责跟踪，掌握支付单流转的动态。监理单位的职责是审核施工单位和结算资料，监督质量验收。

关键控制活动是对变更的控制。为加强政府投资项目的工程竣工结算的管理工作，有效实施管理和监督，工程结算采取三级审核：即监理公司审查、咨询机构审查、建设单位审查。审查人员首先要了解建设项目工程价款结算方式，然后分别进行审核。

（1）审查结算方式是否与签订的工程合同相符；按规定结算的工程价款是否与工程实际进度相符；是否根据施工图预算正确计算已完工程数量；预付的工程价款是否在结算时全部扣回。

（2）审核结算款项有无计划外项目，对计划外工程，不得支付工程价款。必要时，委托质量监督部门检查工程质量，不符合质量标准的工程不得付款。

（3）审查分段结算工程，是否按规定办理了工程计价手续，结算工程价款是否超过了规定的限额。

如项目按施工图预算结算，则需按施工方预先提交的单项工程预算书逐段核实，并扣除质量保证金及一定比例的工程预付款。如项目按概算包干结算，可根据设计单位的概算书，按适当比例将概算划分到每一个施工段内，支付时同样扣除质量保证金及工程预付款。

现场信息流从竣工验收开始，由施工单位提交结算资料和结算支付申请，监理单位审核，总监签署支付证书，建设单位委托咨询单位复核，签署支付证书，报送建设局，建设局委托投资审核机构审计，合格后由财政部门拨款给建设单位，再由建设单位拨付给施工单位，并联系监理单位通报工程情况。施工方要多与业主、监理等沟通，尽量满足各方对结算工作提出的要求，不能遇到问题不理不睬，拖延时间，甚至与业主、监理方产生矛盾，这样最终还是会不利于结算工作，久拖不决，导致项目上该拿回来的钱拿不回，可拿可不拿的钱拿不到，影响企业经济效益。另外，要勤快，结算工作要跑得勤快，只有这样才能尽快把工作做完，也为审计争取了时间。

建设实施阶段结束、工程竣工验收后，加强工程结算审计是一项非常有效的措施。施工单位编制工程结算书普遍存在冒算多算、高套定额单价、高套取费标准等提高工程造价的现象，调查资料显示，对施工单位的结算审查核减率一般在15％～25％。在审核过程中，主要依据业主与承包商签订的工程合同条款和预算定额的有关规定。

第一，工程量。正式审核工作的重点和难点，也是工作量最大的一项。第二，审核各子项目套用的清单编号是否准确，有无重套用、以小套大、以低套高的问题。第三，审核材料计价，重点是审核单价确定是否合理，合价计算是否准确。第四，审核措施费是否与施工方案及现场情况相符，各项取费的费率是否符合有关规定，业主与承包商事前是否有约定等。

加强施工过程管理，监督竣工资料编制。大修改建工程通常无正规的专业设计，施工过程常常出现变动，施工内容常常出现变更，施工现场签证较多，这就要求工程管理者或相关职能部门要加强施工过程的管理，重点检查施工质量、工艺流程、施工物料产地价格等，严防偷工减料、以次充好的现象发生。同时监督竣工资料的编制，要求竣工资料真实反映工程内容，工程量真实准确，为工程结算的编制及审核提供有效的依据。

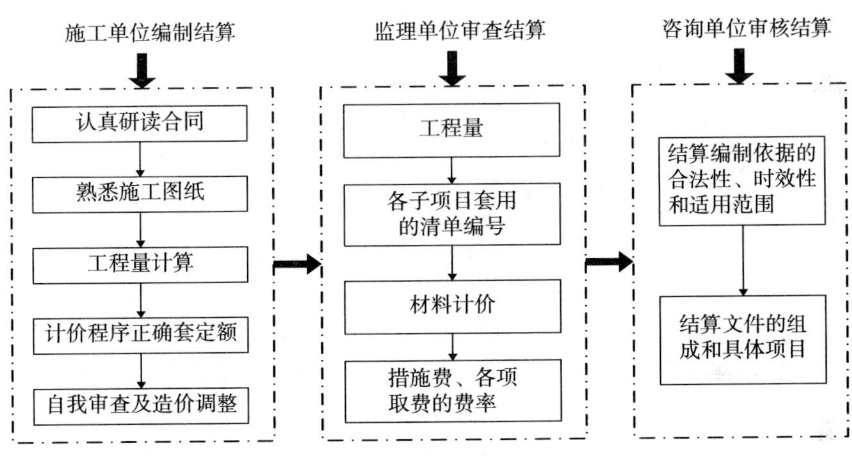

图 5-8　竣工结算监督程序

竣工验收合格后，施工单位递交结算资料，监理工程师审核，合格后由总监签发工程款支付证书，并将结算资料递交建设单位委托的咨询单位审核，无差错后由财务部拨付工程款到建设单位的专用账户，由建设单位支付施工单位并联系监理。通过咨询公司和财务审计加强支付流程中的监督。图 5-8 为竣工结算监督程序。

5.4.4　竣工结算控制点管理方法

工程结算在工程竣工验收，甲乙双方办理工程初步结算后由建设单位报主管部门，主管部门报财政厅委托的投资审核机构核定。结算款支付相关职责如表 5-7 所示。

表 5-7 结算款支付相关者的职责

相关者	职　　责
施工单位	工程竣工后，承包人应在提交竣工验收报告的同时，向发包人递交竣工结算报告及完整的结算资料
监理单位	审核施工单位和结算资料，监督质量验收
建设单位	按规定时限对施工单位提交的竣工资料进行核对（审查）并提出审查意见

由《建设工程工程量清单计价规范》（GB 50500—2013）可以得知，工程竣工结算由承包人或受其委托具有相应资质的工程造价咨询人编制，由发包人或受其委托具有相应资质的工程造价咨询人核对。

因此，业主对承包人进行的竣工结算审核或者受业主委托工程造价咨询人对承包人的竣工结算审核是对承包人进行内部控制的重点。

针对竣工结算编制与审核中出现的影响支付/结算关键问题的影响因素，所采取的控制活动有：做好竣工结算资料的收集与整理工作。

工程建设从项目提出、筹备、勘探、设计、施工到竣工投产等过程中形成的文字材料、图纸、图表、计算材料、声像材料等资料，都属于竣工资料收集、整理、归档的范围，是项目建成后进行生产、维修、改造扩建、事故处理和拆除的必查文件资料，也是工程建设进行竣工验收的必备文件。竣工结算资料分类如表 5-8 所示。

表 5-8　　竣工结算资料的分类

类别	竣工结算资料
工程施工材料	施工许可证、资质证书、土地规划使用证书、竣工验收证书、开工报告、施工组织设计、施工方案、技术交底、图纸会审记录、设计变更单、工程联系单、技术核定单、材料代用单、会议纪要、事故处理报告、设备说明书、竣工报告等
工程质量保证材料	主要有三材合格证、地材合格证、成品半成品合格证、设备合格证、质量保修书
工程检验评定资料	主要有水泥、钢材复验报告、砖、瓦、灰、砂、石检验报告、防水材料检验报告、混凝土、砂浆试件检验报告和钢筋焊接检验报告、分部分项工程检查评定表、单位工程检查评定表、地基和基础结构验收记录、主体结构验收记录、工程竣工验收记录、建筑物定位、标高、沉降观测和设备安装测试记录、土方验槽记录、隐蔽工程记录和桩基础施工记录等
竣工图和其他应交资料	主要包括竣工图、竣工图编制说明和特记事项

参考文献

[1] 中国建设监理协会. 建设工程监理概论 [M]. 北京：知识产权出版社，2011.

[2] 肖维品. 建设监理与工程控制 [M]. 北京：科学出版社，2001.

[3] 全国造价工程师职业资格考试培训教材编审委员会. 建设工程造价管理 [M]. 北京：中国计划出版社，2013.

[4] 孙昌增. 业主方工程价款支付与结算的控制研究 [D]. 天津：天津理工大学，2010.

[5] 尹贻林，孙昌增. 工程量清单计价模式下竣工结算审核的有关问题分析 [J]. 哈尔滨商业大学学报（社会科学版），2010（1）：53—55.

[6] 石嵬. 高层建筑基础工程大体积混凝土施工质量的监理控制 [D]. 天津：天津大学，2006.

[7] 张瑞媛. 07 版标准施工招标文件合同条款下工程价款风险分担研究 [D] 天津：天津理工大学，2012.

[8] 苏有文. 建设监理目标控制研究与应用 [D]. 重庆：重庆大学，2006.

[9] 谢强. 市政道路工程招标控制价作业指导书编制研究 [D]. 天津：天津理工大学，2011.

[10] 沈显之. 建设方划分工程标段和选择工程管理模式的原则——兼论菲迪克“CONS”“P&PB”和“EPCT”合同条件的适用范围 [J]. 中国工程咨询，2006（2）：34—36.

［11］王淞．浅谈建设方划分工程标段的原则及影响因素［J］．水科学与工程技术，2006（2）：75—77.

［12］彭巨光．现代设备工程监理方法研究．西安：西北工业大学，2005.

［13］连海燕．建设项目实施阶段工程造价的确定与控制研究．成都：西南交通大学，2008.

［14］程旭．灾后重建工程实施阶段造价控制及管理研究［D］．沈阳：沈阳建筑大学，2010.

［15］刘芳．建设方划分工程标段的原则及影响因素［J］．河北水利，2008（2）：31—32.

［16］郭凯寅．工程价款管理体系研究［D］．天津：天津理工大学，2011.

［17］李欣欣．工程量清单计价模式的研究［D］．天津：天津大学，2010.

［18］殷学钦．建设工程施工阶段投资控制［D］．成都：西南交通大学，2005.

［19］周景阳．基于工程量清单计价模式的工程造价控制方法研究［D］．西安：西安建筑科技大学，2006.

［20］李志鸾．建设前期中的造价控制论［J］．科技创新导报，2009（4）：94—95.

［21］张咏梅．基于软件无线电的中频数字化技术工程的研究与应用［D］．无锡：江南大学，2008.

［22］孙嘉．房地产项目工程造价的控制与管理—关于全过程工程造价控制的探讨［D］．无锡：江南大学，2008.

［23］孙忠顺．在投资控制中如何建立台账制度合理支付工程进度款［J］．建设监理，1999（6）：46—50.

［24］史绍忠．运筹学在建筑工程投资与进度控制中的应用［D］．大连：大连理工大学，2005.

[25] 廖明菊. 建设项目业主投资控制系统研究 [D]. 宜昌：三峡大学，2005.

[26] 于桓飞. 建设监理在水利工程施工质量控制中的作用探讨 [D]. 杭州：浙江大学，2006.

[27] 白璟. 基于全生命周期的井巷工程造价管理 [D]. 西安：西安理工大学，2011.

[28] 张华明. 高速公路建设项目业主投资控制 [D]. 天津：河北工业大学，2006.

[29] 魏志伟，蒋代军. 地震下单桩动力响应的有限元模拟 [J]. 山西建筑，2008 (20)：96—98.